# 学术规范与论文写作

李 轶 张焕军 黄 峥 编著

河海大学出版社
HOHAI UNIVERSITY PRESS
·南京·

**图书在版编目(CIP)数据**

学术规范与论文写作 / 李轶，张焕军，黄峥编著. -- 南京 ：河海大学出版社，2023.12
ISBN 978-7-5630-8559-0

Ⅰ. ①学… Ⅱ. ①李… ②张… ③黄… Ⅲ. ①科学研究工作—规范②论文—写作 Ⅳ. ①G31-65②H152.3

中国国家版本馆 CIP 数据核字(2023)第 236819 号

书　　名　学术规范与论文写作
　　　　　XUESHU GUIFAN YU LUNWEN XIEZUO
书　　号　ISBN 978-7-5630-8559-0
责任编辑　彭志诚
特约编辑　李　阳
特约校对　薛艳萍
装帧设计　林云松风
出版发行　河海大学出版社
地　　址　南京市西康路 1 号(邮编:210098)
电　　话　(025)83737852(总编室)　(025)83722833(营销部)
经　　销　江苏省新华发行集团有限公司
排　　版　南京布克文化发展有限公司
印　　刷　广东虎彩云印刷有限公司
开　　本　710 毫米×1000 毫米　1/16
印　　张　12.5
插　　页　2
字　　数　232 千字
版　　次　2023 年 12 月第 1 版
印　　次　2023 年 12 月第 1 次印刷
定　　价　58.00 元

CONTENTS

# 目录

## 第三章 文献检索与阅读



## 第四章 科技论文概述



## 第五章 论文标题、作者、摘要与关键词的写作

# 第一章

# 科研诚信规范

科研诚信是科技创新的基石。中共中央、国务院印发的《关于深化科技体制改革加快国家创新体系建设的意见》中提出要"建立健全科研活动行为准则和规范，加强科研诚信和科学伦理教育，将其纳入国民教育体系和科技人员职业培训体系，与理想信念、职业道德和法制教育相结合，强化科技人员的诚信意识和社会责任"。习近平总书记在中国共产党第二十次全国代表大会的报告中进一步强调，要弘扬诚信文化，健全诚信建设长效机制。科研诚信是深入实施科教兴国战略、人才强国战略、创新驱动发展战略的前提，只有着力打造共建共享共治的科研诚信建设新格局，营造诚实守信、追求真理、崇尚创新、鼓励探索、勇攀高峰的良好氛围，才能为建设世界科技强国奠定坚实的基础。

## 1.1　科研诚信的内涵和要求

### 1.1.1　科研诚信的内涵

《关于加强我国科研诚信建设的意见》（国科发政〔2009〕529 号）中指出："科研诚信主要指科技人员在科技活动中弘扬以追求真理、实事求是、崇尚创新、开放协作为核心的科学精神，遵守相关法律法规，恪守科学道德准则，遵循科学共同体公认的行为规范。"

美国科研诚信研究中心对科研诚信的解释为"即使面临逆境，仍会坚持诚实、信任、公平、尊重和责任这五项根本性的价值观"。

科研诚信有两方面的内涵：在对待科学的态度上和在学术研究的过程中要求"真"，求"新"，做到"诚"；在对待其他研究者及其成果上要讲"信"，信任他人，讲求信誉、信用。作为两个不同的伦理规范，其内涵和要求是有区别的。"诚"指真实，不自欺，不欺心，主要注重内心的道德修养，侧重个体内心的自我道德操守。"信"则人言也，"人言为信"，是指不欺人，侧重于个体对外在的行为规范的遵守和在与他人交往中应遵循的态度，要求与人交往要讲求信用、信誉，不欺诈。

坚持科研诚信需要做到以下几点：了解什么是正确的做法；遵循正确的行为准则、规范和遵守相关规定；对自己的做法不加隐瞒（必要时公开说明）。负责任的研究行为应当符合道德伦理行为准则和相关专业领域的学术规范与标准。

### 1.1.2　科研诚信的要求

要做到科研诚信中的"诚"，首先要求研究者在科学研究中追求真理，求

“真”。要以追求真理为目标，以追求真理为己任，为科学而献身，不要媚俗、阿势趋利。在研究的过程中要立足事实，有理有据，研究的成果要言之有物，不发没有根据的空谈，更不能编造数据，捏造结果。这就要求研究者具有脚踏实地、吃苦耐劳的精神，具有锲而不舍、持之以恒的毅力，具有甘于寂寞、淡泊名利的心态，具有为社会服务、为科技献身的使命感和责任感。

科学研究不但要求“真”，而且也要求“新”，如果求“真”是其基本要求，那么求“新”就是其最本质的要求。要做到科研诚信中的“诚”，另一层含义就是在“真”的基础上求“新”，不但要言之有物，而且要言之有新意。这就要求研究者具有批判、怀疑传统和权威的勇气，敢于提出自己的新观点和新看法；具有艰苦奋斗、顽强拼搏的精神，敢于打攻坚战，解决科学难题；具有冒险精神，不怕失败，大胆假设，小心求证。

科研诚信中的“信”，就是要求研究者对其他研究者及其成果要信任，在彼此的交往中要讲信用，讲信誉。首先，要求对其他研究者要信任，在此基础上加强团结与合作的精神。当今的科技创新与科技进步仅靠研究者的单打独斗是很难取得大的成果的，研究者只有相互团结合作，运用集体的智慧才能完成重大科技创新的任务，从而为科技进步和人类的自由全面发展做出贡献。其次，要求尊重其他研究者及其研究成果，讲信用，讲信誉。这是学术界一条基本的道德规范，这既是对其他研究者人格的尊重，也是对他们利益的尊重，缺少了它，基本的学术秩序就无法维持，更不要说学术的发展。这就要求研究者在研究中要严格遵守学术规范，比如：引用他人的观点和资料，一定要加引号，并注明出处，能够不转引的尽量不转引，在研究方法上模仿他人的也要加以说明等。

在知识经济时代，科研诚信已经成为越来越重要的道德规范。这事关知识的创新，也事关学术的社会功能，更事关社会的美德和行为底线。在学术探索的路途中，来不得半点的虚假，要像习近平总书记要求的那样，要有“板凳要坐十年冷，文章不写一句空”的执着坚守，耐得住寂寞，经得起诱惑，守得住底线，立志做大学问、做真学问。在学术研究中，要做到“知之为知之，不知为不知”，做到真的就是真的，不能把假的伪装成真的。学术研究是造福人类的创造性活动，必须严肃对待，每个学者在从事学术研究时，都要把做人、做事、做学问统一起来，做一个真诚的人、纯粹的人，“不要人夸颜色好，只留清气满乾坤”。

## 1.2 科研中的学术规范

学术规范是从事学术活动的行为规范，是学术共同体成员必须遵循的准则，是保障学术共同体科学、高效、公正运行的条件。学术规范的内容涵盖以下三个层面：① 逻辑层面，主要规范逻辑思维与创造性等方面的内容，包括交代学术缘起、问题意识、已有研究、个人独创和理论发展等，以确保在原有研究的基础上发现新问题，达到思想的深化和学理的创新。② 方法层面，主要规范研究的路径、边界与方法等，包括说明源流传承、范式依托、理论框架、分析模型、方法创新等。③ 形式层面，主要指文本规范，包括文献索引、引证出处、参考书目和注释体例等。有研究将学术规范概括为"形式上的学术规范"和"实质性的学术规范"。前者在审查学术成果时，不关心这些成果在内容上是否具有原创性，是否对研究的问题具有实质性的推进，只关注形式上是否具有合法性，如：是否具备中英文标题、内容提要和关键词，是否具备主要参考文献；有没有重复发表、一稿多投，有没有抄袭、剽窃、作伪注和篡改数据等。后者则指人们在审查学术成果时，不但关心是否遵守形式上的学术规范，而且更关心是否具有学术上的原创性，是否对研究的问题具有实质性的推进意义。

学术规范建设具有重要的价值和作用：有助于彰显学术研究的价值，使学术活动制度化、学术研究标准化和专业化；有助于学术积累和创新，强调学术史的研究和学术传统的养成，从而推动学科发展；有助于解决学风建设问题，规范和惩处学术研究活动中的各种不良行为。

学术规范主要包括以下内容：

（1）研究计划制定中的规范。一般而言，研究计划的制定包括文献调研、确定选题、研究方案设计和评估。科研人员总是在前人研究的基础上展开自己的学术研究，因此需要全面、有效地查阅研究领域内的相关文献，并且尽可能追溯到所有文献的原始出处，这样既有助于保护知识产权也有助于引用的规范，方便写作文献综述，确定后续的选题方向。在确定选题时，应注意所选题目的创新性和实用性，科学理论可以是纯学术的，工程技术则是基于实用需求的。选题还应注意不违反人类社会基本道德伦理，开展研究所使用的方法、手段、技术，应该合适、可行且不违反道德伦理。在进行研究方案评估时，要充分注意研究方案的可行性和研究结果的评价指标。

（2）课题申请中的规范。在进行课题申请时，必须首先对研究课题进行认真调查研究和论证，在确定其可行性和实用性的基础上进行相关课题的申请，防止资源的浪费和无用的研究。其次，要保证申请课题所用材料的真实性，不得弄虚作假，遵守科研规范中的诚实性原则和遵纪守法原则。此外，要制定合理的课题研究计划，对完成课题的经济价值、课题研究的时间安排、课题研究中可能出现的问题及其解决方法进行合理的预测，做出明确具体的研究计划。

（3）研究资源使用中的规范。研究资源主要包括时间、科研经费和科研设备。合理的时间分配是研究有序高效开展的前提，应注意直接用于研究的时间、学术讨论和学术活动时间、整理归纳时间和培养后备研究力量时间的合理分配和统筹兼顾。科研经费的使用要遵守有关政策规定，经济合理地用于课题研究，不得滥用科研经费或者挪用科研经费以作别用。科研设备的使用主要应注意其规范性，包括使用的规范和操作的规范，使用的规范包括不能把科研设备用于学术和科研之外的目的，不能用科研设备做违反规定的相关研究等，操作的规范指按照设备的操作要求进行规范化的操作。

（4）数据收集、记录、保存中的规范。研究中的数据直接影响到研究成果，应从源头上抓好数据的规范行为。在数据收集、记录和保存的过程中应坚持实事求是原则，所有经过实验（无论是仿真实验还是实际实验）得来的数据都应如实记录和保存。数据收集和记录时应注意本身的操作规范，保证所得数据的可靠性，并将其严谨安全地保存，严格遵守相关的保密规范，防止相关数据的泄露。

（5）研究数据使用中的规范。在研究数据使用的过程中必须保证所用数据的真实性和可靠性，不得篡改相关数据，使用他人的研究数据时要注意引用的规范，涉及个人隐私的数据使用还需要征得相关人员的许可。此外，要了解怎样使用研究数据能获得最好的使用效果，例如表格、图像等的选取和使用。

（6）交流和合作中的规范。开展科研协作有利于资源整合，提高研究效率，科技工作者应在平等自愿的基础上积极开展科研协作。在进行学术交流和合作的过程中，应秉持平等互惠和相互尊重的原则，发扬公开透明、民主互助的学术作风，不搞帮派主义，在遵守保密规范的前提下不刻意隐瞒研究数据，包容不同观点的学术群体和个人，努力使学术交流的合作价值最大化。

（7）引文规范。在引用他人的研究成果时，如果该成果是已经发表或公开的可以直接按照相应的引用规范进行引用，如果该成果还未发表或公开，应在征得相关人员同意的前提下进行引用，不得有任何形式的窃取他人智力成果的行为。此外，引用他人成果须注意适度，他人的研究成果不得作为自己的研究主体进行说明，避免抄袭和剽窃。

(8) 研究成果署名规范。一般而言，只有对研究成果做出实质性贡献的相关人员才有资格在研究成果上署名，因此署名规范主要有两点：一是不能剥夺对研究成果做出实质性贡献的研究人员的署名权，二是未对研究成果做出贡献的人员原则上不能署名，这也是科研规范中实事求是原则和诚实性原则的体现。此外，对于为科研成果的取得提供帮助的有关人员应在致谢部分予以感谢。

(9) 投稿过程中的规范。作者在投稿之前，应该了解所投出版社或期刊的投稿须知和文章发表的规定，判断自己的研究是否达到标准，以及准备投稿的论著/文是否适合该期刊，避免发表不成熟甚至错误的研究成果。另外，按照《中华人民共和国著作权法》等法律法规，不得将同一研究成果提交多个出版机构同时评审和重复发表，禁止一稿多投。

(10) 纠错的规范。科研学术成果应当是经得起检验的，一旦发现已发表成果中有疏漏和错误之处，作者有义务进行相应的纠错和补救措施，比如勘误、补遗或撤回论文。

作为从事学术研究的人员，充分了解科研中的学术规范是极为重要的，这有助于我们从起点就坚守科学道德，形成良好的学术作风和习惯。

## 1.3　学术不端的预防与处理

### 1.3.1　常见学术不端行为

2019 年 7 月 1 日，国家新闻出版署发布的《学术出版规范 期刊学术不端行为界定》(CY/T 174—2019) 实施。具体内容如下：

1.3.1.1　剽窃

1. 观点剽窃

不加引注或说明地使用他人的观点，并以自己的名义发表，应界定为观点剽窃。

观点剽窃的表现形式包括：

(1) 不加引注地直接使用他人已发表文献中的论点、观点、结论等。

(2) 不改变其本意地转述他人的论点、观点、结论等后不加引注地使用。

(3) 对他人的论点、观点、结论等删减部分内容后不加引注地使用。

(4) 对他人的论点、观点、结论等进行拆分或重组后不加引注地使用。

(5) 对他人的论点、观点、结论等增加一些内容后不加引注地使用。

2. 数据剽窃

不加引注或说明地使用他人已发表文献中的数据，并以自己的名义发表，应界定为数据剽窃。

数据剽窃的表现形式包括：

（1）不加引注地直接使用他人已发表文献中的数据。

（2）对他人已发表文献中的数据进行些微修改后不加引注地使用。

（3）对他人已发表文献中的数据进行一些添加后不加引注地使用。

（4）对他人已发表文献中的数据进行部分删减后不加引注地使用。

（5）改变他人已发表文献中数据原有的排列顺序后不加引注地使用。

（6）改变他人已发表文献中的数据的呈现方式后不加引注地使用，如将图表转换成文字表述，或者将文字表述转换成图表。

3. 图片和音视频剽窃

不加引注或说明地使用他人已发表文献中的图片和音视频，以自己的名义发表，应界定为图片和音视频剽窃。

图片和音视频剽窃的表现形式包括：

（1）不加引注或说明地直接使用他人已发表文献中的图像、音视频等资料。

（2）对他人已发表文献中的图片和音视频进行些微修改后不加引注或说明使用。

（3）对他人已发表文献中的图片和音视频添加一些内容后不加引注或说明使用。

（4）对他人已发表文献中的图片和音视频删减部分内容后不加引注或说明使用。

（5）对他人已发表文献中的图片增强部分内容后不加引注或说明地使用。

（6）对他人已发表文献中的图片弱化部分内容后不加引注或说明地使用。

4. 研究（实验）方法剽窃

不加引注或说明地使用他人具有独创性的研究（实验）方法，并以自己的名义发表，应界定为研究（实验）方法剽窃。

研究（实验）方法剽窃的表现形式包括：

（1）不加引注或说明地直接使用他人已发表文献中具有独创性的研究（实验）方法。

（2）修改他人已发表文献中具有独创性的研究（实验）方法的一些非核心元素后不加引注或说明地使用。

5. 文字表述剽窃

不加引注地使用他人已发表文献中具有完整语义的文字表述，并以自己的名义发表，应界定为文字表述剽窃。

文字表述剽窃的表现形式包括：

（1）不加引注地直接使用他人已发表文献中的文字表述。

（2）成段使用他人已发表文献中的文字表述，虽然进行了引注，但对所使用文字不加引号，或者不改变字体，或者不使用特定的排列方式显示。

（3）多处使用某一已发表文献中的文字表述，却只在其中一处或几处进行引注。

（4）连续使用来源于多个文献的文字表述，却只标注其中一个或几个文献来源。

（5）不加引注、不改变其本意地转述他人已发表文献中的文字表述，包括概括、删减他人已发表文献中的文字，或者改变他人已发表文献中的文字表述的句式，或者用类似词语对他人已发表文献中的文字表述进行同义替换。

（6）对他人已发表文献中的文字表述增加一些词句后不加引注地使用。

（7）对他人已发表文献中的文字表述删减一些词句后不加引注地使用。

6. 整体剽窃

论文的主体或论文某一部分的主体过度引用或大量引用他人已发表文献的内容，应界定为整体剽窃。

整体剽窃的表现形式包括：

（1）直接使用他人已发表文献的全部或大部分内容。

（2）在他人已发表文献的基础上增加部分内容后以自己的名义发表，如补充一些数据，或者补充一些新的分析等。

（3）对他人已发表文献的全部或大部分内容进行缩减后以自己名义发表。

（4）替换他人已发表文献中的研究对象后以自己的名义发表。

（5）改变他人已发表文献的结构、段落顺序后以自己的名义发表。

（6）将多篇他人已发表文献拼接成一篇论文后发表。

7. 他人未发表成果剽窃

未经许可使用他人未发表的观点，具有独创性的研究（实验）方法，数据、图片等，或获得许可但不加以说明，应界定为他人未发表成果剽窃。

他人未发表成果剽窃的表现形式包括：

（1）未经许可使用他人已经公开但未正式发表的观点，具有独创性的研究（实验）方法，数据、图片等。

（2）获得许可使用他人已经公开但未正式发表的观点，具有独创性的研究（实验）方法，数据、图片等，却不加引注，或者不以致谢等方式说明。

1.3.1.2 伪造

伪造的表现形式包括：

（1）编造不以实际调查或实验取得的数据、图片等。

（2）伪造无法通过重复实验而再次取得的样品等。

（3）编造不符合实际或无法重复验证的研究方法、结论等。

（4）编造能为论文提供支撑的资料、注释、参考文献。

（5）编造论文中相关研究的资助来源。

（6）编造审稿人信息、审稿意见。

1.3.1.3 篡改

篡改的表现形式包括：

（1）使用经过擅自修改、挑选、删减、增加的原始调查记录、实验数据等，使原始调查记录、实验数据等的本意发生改变。

（2）拼接不同图片从而构造不真实的图片。

（3）从图片整体中去除一部分或添加一些虚构的部分，使对图片的解释发生改变。

（4）增强、模糊、移动图片的特定部分，使对图片的解释发生改变。

（5）改变所引用文献的本意，使其对己有利。

1.3.1.4 不当署名

不当署名的表现形式包括：

（1）将对论文所涉及的研究有实质性贡献的人排除在作者名单外。

（2）未对论文所涉及的研究有实质性贡献的人在论文中署名。

（3）未经他人同意擅自将其列入作者名单。

（4）作者排序与其对论文的实际贡献不符。

（5）提供虚假的作者职称、单位、学历、研究经历等信息。

1.3.1.5 一稿多投

一稿多投的表现形式包括：

（1）将同一篇论文同时投给多个期刊。

（2）在首次投稿的约定回复期内，将论文再次投给其他期刊。

（3）在未接到期刊确认撤稿的正式通知前，将稿件投给其他期刊。

（4）将只有微小差别的多篇论文，同时投给多个期刊。

（5）在收到首次投稿期刊回复之前或在约定期内，对论文进行稍微修改后，投给其他期刊。

（6）在不做任何说明的情况下，将自己（或自己作为作者之一）已经发表论文，原封不动或做些微修改后再次投稿。

1.3.1.6　重复发表

重复发表的表现形式包括：

（1）不加引注或说明，在论文中使用自己（或自己作为作者之一）已发表文献中的内容。

（2）在不做任何说明的情况下，摘取多篇自己（或自己作为作者之一）已发表文献中的部分内容，拼接成一篇新论文后再次发表。

（3）被允许的二次发表不说明首次发表出处。

（4）不加引注或说明，在多篇论文中重复使用一次调查、一个实验的数据等。

（5）将实质上基于同一实验或研究的论文，每次补充少量数据或资料后，多次发表方法、结论等相似或雷同的论文。

（6）合作者就同一调查、实验、结果等，发表数据、方法、结论等明显相似或雷同的论文。

1.3.1.7　违背研究伦理

论文涉及的研究未按规定获得伦理审批，或者超出伦理审批许可范围，或者违背研究伦理规范，应界定为违背研究伦理。

违背研究伦理的表现形式包括：

（1）论文所涉及的研究未按规定获得相应的伦理审批，或不能提供相应的审批证明。

（2）论文所涉及的研究超出伦理审批许可的范围。

（3）论文所涉及的研究中存在不当伤害研究参与者，虐待有生命的实验对象，违背知情同意原则等违背研究伦理的问题。

（4）论文泄露了被试者或被调查者的隐私。

（5）论文未按规定对所涉及研究中的利益冲突予以说明。

1.3.1.8　其他学术不端行为

其他学术不端行为包括：

（1）在参考文献中加入实际未参考过的文献。

(2) 将转引自其他文献的引文标注为直引，包括将引自译著的引文标注为引自原著。

(3) 未以恰当的方式，对他人提供的研究经费、实验设备、材料、数据、思路、未公开的资料等，给予说明和承认（有特殊要求的除外）。

(4) 不按约定向他人或社会泄露论文关键信息，侵犯投稿期刊的首发权。

(5) 未经许可，使用需要获得许可的版权文献。

(6) 经许可使用他人版权文献，却不加引注，或引用文献信息不完整。

(7) 经许可使用他人版权文献，却超过了允许使用的范围或目的。

(8) 在非匿名评审程序中干扰期刊编辑、审稿专家。

(9) 向编辑推荐与自己有利益关系的审稿专家。

(10) 委托第三方机构或者与论文内容无关的他人代写、代投、代修。

(11) 违反保密规定发表论文。

### 1.3.2 学术不端行为的危害

学术不端行为的危害包括：

(1) 破坏正常教学秩序及学风建设，扼杀学术创新活力。高校师生学术研究的成果，凝聚着长年累月沉淀而来的专业知识及学术视野，通过抄袭剽窃、粗制滥造的方式制造学术，只会为我国科研事业带来不可磨灭的恶性影响。

(2) 违背科学精神，造成学术资源的极大浪费。科学精神是一种实事求是、开拓务实的理性精神，学术不端行为不仅伤害科学精神的根基，也侵占了国家有限的学术资源，对社会及个人发展百害无益。

(3) 毁坏社会公信系统，加剧社会腐败。学术代表着民族理性的公信力，若学术不端行为频繁发生，从而造成社会各界失去对于学术研究的信任，这不但会影响社会群体的理性认知，也会成为败坏社会风气的一大污染源。

### 1.3.3 学术不端的预防与处理办法

为有效预防和严肃查处高等学校发生的学术不端行为，维护学术诚信，促进学术创新和发展，中华人民共和国教育部于 2016 年 6 月 16 日发布了《高等学校预防与处理学术不端行为办法》（中华人民共和国教育部令第 40 号），该办法是根据《中华人民共和国高等教育法》《中华人民共和国科学技术进步法》和《中华人民共和国学位条例》等法律法规制定的，自 2016 年 9 月 1 日起施行。全文见附录 1。

## 1.4 案例分析

（1）许娟等发表的论文存在抄袭剽窃和擅自标注他人国家自然科学基金项目等问题并在项目申请书中存在虚假信息

国家自然科学基金委员会监督委员会对长安大学许娟等发表的论文“Juan Xu*, Hongtu Ma, Jing Luo, Xiaoping Huo, Xingbo Yao, Simin Yang. Spatial optimization mode of China's rural settlements based on quality-of-life theory. Environmental Science and Pollution Research, 2019, 26, 13854-13866.”（标注基金号 51308048、51678058）涉嫌学术不端开展了调查。

经查，该论文存在抄袭剽窃他人论文和擅自标注他人国家自然科学基金项目问题，第一作者兼通讯作者许娟应对上述问题负责。

此外，许娟将该论文列入其基金项目（批准号 51978058）申请书中，还应对基金项目申请书中存在虚假信息的客观结果负责。

经国家自然科学基金委员会监督委员会五届十五次会议审议、国家自然科学基金委员会 2022 年第 15 次委务会议审定，决定依照《国家自然科学基金项目科研不端行为调查处理办法》第四十条、第四十三条第六项，撤销许娟国家自然科学基金项目“秦巴山区民居气候适应机理与低能耗营建模式研究”（批准号 51978058）、“秦巴山区村镇聚落规划与建设策略研究”（批准号 51308048），追回上述 2 个项目的已拨资金，取消许娟国家自然科学基金项目申请和参与申请资格 3 年（2022 年 10 月 9 日至 2025 年 10 月 8 日），给予许娟通报批评。

（2）张开飞等发表的论文存在抄袭、重复发表及擅自使用他人署名等问题并在项目申请书中存在虚假信息

国家自然科学基金委员会监督委员会对河南农业大学张开飞等发表的 9 篇论文涉嫌学术不端开展调查，涉事论文如下：

论文 1：张开飞，靳刚．一种用于预测铣削稳定性方法的实验研究．机械传动，2016，40（07）：180-183.（标注基金号 51405343）

论文 2：张开飞，靳刚，余泳昌，王万章，李赫，薛妍妍．一种快速的变螺旋铣刀铣削稳定性预测方法．机床与液压，2015，43（23）：83-85+94.

论文 3：张开飞，李保谦，靳刚，余泳昌*．一种快速预测犁体曲面铣削稳定性的方法．农机化研究，2015，37（08）：10-14+19.

论文 4：张开飞，靳刚，余泳昌．变螺旋铣刀铣削力系数识别试验研究．

工具技术，2015，49（06）：18-22.

论文 5：张开飞，靳刚，何玉静，史景钊，余泳昌*．基于 ZOA 方法的犁体曲面铣削稳定性预测模型．郑州大学学报（工学版），2015，36（03）：59-63.

论文 6：张开飞，郑伟伟，余泳昌，王万章，李赫，薛妍妍．变齿距铣刀铣削稳定性实验研究．现代制造工程，2016（06）：129-132＋145.

论文 7：张开飞，李祥付，李保谦，余泳昌*．变螺旋铣刀铣削犁体曲面稳定性预测研究．农机化研究，2015，37（10）：68-71＋75.

论文 8：张开飞，马世榜，张开超，余泳昌．变螺旋铣刀铣削稳定性实验研究．机械设计与制造，2015（04）：115-119.

论文 9：张开飞，史志勇，张开超，王兰芳，余泳昌．基于 ZOA 方法的变螺旋铣刀铣削稳定性预测模型．煤矿机械，2015，36（03）：103-105.

经查，举报涉及的 9 篇论文与他人发表论文中的图片大量重复，存在抄袭的问题，此外论文 1、8 还存在重复发表的问题，论文 1、2、3、4、5 还存在未经他人同意，擅自使用其署名的问题，张开飞等应对上述问题负责。

此外，张开飞将涉事论文多次列入其基金项目申请书中（未获资助），还应对项目申请书中存在虚假信息的客观结果负责。

经国家自然科学基金委员会监督委员会五届十五次会议审议、国家自然科学基金委员会 2022 年第 15 次委务会议审定，决定依照《国家自然科学基金项目科研不端行为调查处理办法》第四十条、第四十二条第一项、第四十三条第一项，取消张开飞国家自然科学基金项目申请和参与申请资格 3 年（2022 年 10 月 9 日至 2025 年 10 月 8 日），给予张开飞通报批评。

## 参考资料：

［1］靳炜．科萤书院：学术诚信守则［EB/OL］．（2021-07-16）．https：//mp. weixin. qq. com/s/HMAkJKkLrFmas8CXLGlNxg.

［2］汤曾．浅议学术诚信［J］．广西社会科学，2004（03）：33-35.

［3］蒋锋．导师论坛：遵守学术规范，恪守学术道德［EB/OL］．（2020-12-02）．https：//mp. weixin. qq. com/s/Y4UaujNApalh9kF9VJcQrQ.

［4］国家自然科学基金委员会．2022 年查处的不端行为案件处理结果通报（第四批）［EB/OL］．（2023-01-06）．https：//www. nsfc. gov. cn/publish/portal0/jd/04/info88374. htm.

# 第二章

# 科研伦理规范

## 2.1　科研伦理

### 2.1.1　科研伦理概念

科研伦理属于人类社会伦理的子系统，是人类伦理在科研规范中的具体要求，是科研人员与合作者、受试者和生态环境之间的伦理规范和行为准则。

狭义的科研伦理指在科学研究过程中所涉及与伦理相关的问题，包括从研究方案的设定到研究过程中每个环节涉及的伦理问题。广义的科研伦理则包括更广泛的科学研究所产生的社会价值和对人类所产生的风险和回报，即道德与科学问题之间相互关系。科研伦理具有 3 个目标：保护人类参与者；确保研究以服务个体、群体、或整个社会利益的方式而进行；审查研究活动的伦理健全、风险管控、保密及保护和知情同意等问题。

### 2.1.2　科研伦理原则

1. 十大共同伦理原则

（1）社会责任。研究人员和研究必须为社会谋福利。

（2）善行。研究人员应以研究参与者的利益为目标，争取研究的利益大于风险。

（3）利益冲突规避。研究人员应尽量减少财务和其他因素对研究和研究参与者的可能使研究结果产生偏差的影响。

（4）知情同意。所有研究参与者必须自愿同意参与研究，不受经济利益或其他胁迫的压力，必须了解研究及其风险。当参与者不同意参与研究或弱势群体参与研究时，研究人员及其机构必须采取具体行动保护参与者。

（5）诚信正直。研究人员应诚信正直，充分报告调查结果，尽量减少或消除方法中的偏见，披露基本假设，不捏造数据、伪造结果或遗漏相关数据。

（6）不歧视。研究人员应避免研究对特定群体带来好处。

（7）不剥削。研究人员不应剥削或不公平地利用研究参与者。

（8）隐私和保密。研究参与者有权控制研究人员获取其个人信息，包括如何看到、接触或获取其信息。

（9）专业能力。研究人员应只从事有资格从事的工作，并参与培训，提高自身技能。

（10）专业纪律。研究人员应通过实践、出版和交流、指导和教学等活动，推动符合伦理的行为，开展符合伦理的研究，并帮助其他研究人员开展符合伦理的研究。

2. 涉及人的科研活动中要遵守的四项基本伦理原则

1）尊重原则

尊重原则是指在科研活动中必须尊重人的尊严、自主性、知情权和隐私权。坚持尊重原则必须做到：

（1）要尊重自主性。尊重受试者的自主性表现在：在收集涉及人的科研数据或生物材料过程中，数据提供者或生物样本捐赠者有自主决定权。在人体试验中，受试者可以自主选择参加，可以中途自由撤出试验。尊重科研人员的自主性表现在：在遵从自然规律、遵循科学规范和伦理规范的基础上，科研人员可以在专业范围内自由探索未知世界，社会和科研机构要努力营造一个宽松的科研创新环境。

（2）要做到知情同意。在开展涉及人的科学研究时，科研人员必须事先获得受试者的知情同意。科研人员需要以通俗易懂的方式向受试者提供研究目的、方法、过程、可能的风险（损伤）和受益等方面的信息，让受试者在理解的基础上自主做出是否参加试验的选择。坚持知情同意必须做到以下几点：信息的充分告知、信息是可以理解的、自由表达意愿及有同意能力。知情同意过程中的任一环节出现问题，均可能引发伦理问题。

（3）要保护个人或群体的隐私。隐私是一个人不容许他人随意侵入的领域，或不得泄露给他人的有关个人或群体的可识别信息/资料。在搜集、储存和使用受试者生物样本/资料时，研究者要尊重和保护受试者的隐私，妥善保存受试者的可识别的个人信息资料，不得将涉及受试者隐私的资料和情况向无关的第三者披露。这些数据信息一旦被泄露，就可能会影响到个人就业、升学和婚姻，甚至引发基因歧视。

2）风险（伤害）最小化原则

风险（伤害）最小化原则主要指尽量减低对受试者的身体伤害（包括疼痛和痛苦、残疾和死亡）、精神伤害和经济损失，尽量减少对人群的公共卫生风险或危险以及对生态环境的危害等。

对于那些涉及人群健康或生态环境的重大科研领域，如转基因作物、纳米研究、人类基因组研究、合成生物学等，要通过以下方式规避科研风险：①由科学家、人文社科专业人员、环保专家、政策制定者及公民代表共同参与制订研究规范和伦理准则；②对潜在的群体健康影响、生物安全和生物防护问题进行科学评估；③在研发的上游设计阶段或课题申请阶段，科研人员应考虑对受试者身心、人群健康和生态环境的风险或危害，明确哪些研究不应该做；④及时报告严重不良事件，建立一套分析和预防不良事件的制度。

3）有利原则

有利原则主要指科学研究要能促进人类科学知识的增长，开发新疫苗、新疗法、新医疗设备、新药来提高人类生活质量和生命质量，增加人类社会福祉。那些涉及人的科学研究要能够保护受试者、特定群体/社区的合法权益。在科研活动中，当研究者个人的利益（如：经济回报、商业利益、论文发表优先权、奖励、荣誉、学术地位等）与受试者的切身利益发生冲突时，要把受试者的权益放在首位。在科研活动中事先权衡科研方案的利弊，开展“风险-受益”分析，对潜在的风险进行社会规制。在《赫尔辛基宣言》《涉及人的生物医学研究伦理审查办法（试行）》等国内外伦理准则中均有此方面的规定。科研活动中的利益冲突难以避免，利益冲突本身无所谓正当与不正当。为了有效规避利益冲突可能带来的不利影响，建议应以公开经济利益安排为主，同时辅之以调停、节制、没收所得、禁止等措施。

4）公正原则

公正原则是指在科研活动中要坚持正义与公道，公平合理地分配科研资源，在程序、回报、分配等方面公平对待受试者。坚持公正原则必须做到：

（1）要坚持程序公正。在科研课题申请过程中，资助单位要做到程序的公开、透明，具有相同资质的申请人应该有相同的机会获得资助。同行匿名评审制度就在很大程度上保证了程序公正。在技术职称晋升、岗位评聘、课题负责人准入、教育培训等方面，一个运行良好的科研体制会给科研人员提供平等的机会，鼓励公开、公正的竞争。在涉及人的科学研究中，也应提倡程序公正，尤其应做到在招募受试者时，科研人员事先制定明确的“准入”和“排除”标准，知情同意过程要公开公正。

（2）要坚持回报公正。一线科研人员的辛勤付出应该在物质、精神上得到公正的回报。特别是科研人员做出了科学发现，应该至少享有名誉上的优先权。受试者因参与研究而承担风险、耗费时间和精力，或遭受意外的人身伤害的，应该得到公平的经济补偿和医疗救助。如果研发出了有效的干预措施或产品，那些参与了研究的个体、人群或社区应该能够优先、优价获得。

（3）要坚持分配公正。在《赫尔辛基宣言》等国际研究伦理准则中，分配公正方面的相关规定包括：确定“入选”和“排除”标准，公正地选择受试者；

当研究涉及早期胚胎、胎儿、新生儿、儿童、孕妇、老年人、囚犯等脆弱人群时，要特别注意风险和受益的公正分担。在宏观层面，科研资源的分配应该本着“有所为，有所不为”的原则，公正合理地分配科研人力、财力和物力。

科研人员要遵守好四项基本伦理原则，就必须学会识别科研中现实的或潜在的伦理问题，依据基本的伦理原则进行分析论证，进而开展伦理决策。

### 2.1.3 科研伦理规范

1. 原则规范

科研伦理规范要解决的是“该不该”的问题，要解决“该不该”问题就必须优先考虑选择哪些价值、遵循哪些原则。原则规范是中国对待科研伦理问题始终坚持和贯彻的价值观和立场，为与科研伦理相关的政策制定提供统一的价值导向。

中国已制定的科研伦理政策文件应用了《纽伦堡法典》《赫尔辛基宣言》倡导的伦理原则，以及风险最小化、弱势群体保护、伦理委员会、知情同意等内容。《药物临床试验质量管理规范》中明确规定：药物临床试验应当符合《赫尔辛基宣言》原则及相关伦理要求；《人胚胎干细胞研究伦理指导原则》提出：生物医学领域人胚胎干细胞研究必须认真贯彻知情同意与知情选择原则等。在应用国际伦理原则的基础上，中国对其他领域的伦理原则也进行了有益探索。《人类辅助生殖技术和人类精子库伦理原则》提出了有利于患者、知情同意、保护后代、社会公益、保密、严防商业化、伦理监督7条原则；《干细胞临床研究管理办法（试行）》规定：干细胞临床研究必须遵循科学、规范、公开、符合伦理、充分保护受试者权益的原则；《关于善待实验动物的指导性意见》明确指出：实验动物使用要遵循“减少（Reduction）、替代（Replacement）、优化（Refinement）”的3R原则，科学、合理、人道地使用实验动物；《人类遗传资源管理暂行办法》规定：有关人类遗传资源的国际合作项目应当遵循平等互利、诚实信用、共同参与、共享成果的原则。中国科研伦理原则规范已超越人体医学试验范围，提出了动物保护、生殖遗传、科研合作等方面应遵循的一些伦理原则。但整体来看，已制定的科研伦理原则规范主要围绕某一领域展开，顶层的、普遍适用的原则规范仍欠缺，容易造成各领域规范制定和执行的混乱。

2. 义务规范

义务规范主要是指对科研活动相关主体权责义务的规定，如科研管理部门、资助机构、科研院所、科研人员、科技辅助人员、受试者等；除了关于主体应该或不应该行为的明确规定，一般还规定了主体违反义务应承担的法律后果。

对于科研管理部门，基本思路是赋权主管部门（如科学技术部、教育部、国家市场监督管理总局等）管理职责，负责本部门及其职责领域内全国范围的科研伦理监管工作。各省、自治区、直辖市相应的行政主管部门和机构负责本地区的监管工作。已有文件规定：国家和省级行政部门设立本行政区域内的伦理专家委员会，负责研讨重大伦理问题并提出政策咨询意见，指导辖区内机构伦理委员会的工作，必要时可组织审查重大科研项目；各机构自行建立本机构的伦理委员会，负责本单位科研项目的伦理审查，负有跟踪审查已批准的科研项目、终止或暂定失范项目、建档保存伦理审查项目、登记备案审查会议等义务。《药物临床试验质量管理规范》规定：临床研究人员必须获得受试者的知情同意；允许受试者在试验中途无理由退出；试验开展前获得伦理委员会的书面同意；严格遵照伦理委员会同意的试验方案实施临床试验等。此外，有关文件中也规定临床研究机构、科研院所、科研资助机构等应当对科研项目的全过程进行质量管理和风险控制，对科研项目的伦理审查和过程监督负责，配合上级管理部门查处并公示本单位的科研不端行为。总体来看，中国的科研伦理义务规范比较完善，科研活动的相关主体都有涉及，但有效的监管机制和保障措施还需加强。

3. 指引规范

指引规范是针对同一研究领域、同类情况或者同类人制定的具有实践指导意义的一般规则，主要在各类指南性文件中得以体现。

中国科研伦理规范体系中的行为指引类规范目前仅涉及临床药理、人体生物医学、实验动物、人体干细胞、生物样本等领域，其他领域的指引规范有待完善。从规范的对象来看，其中很大部分是面向科研管理机构、伦理委员会而制定的管理类指引规范，面向一线科研工作者、涉及科研具体过程的指引规范比较少。近年来的多起科研不端事件，已经敲响了科研伦理方面的“警示钟”，尽快在各研究领域出台具有较强实践指导价值的指引性规范，符合学界、业界的共同期待。

4. 救济规范

救济规范是解决科研过程中的利益纠纷和伦理冲突，维护当事人利益的重要手段，主要通过惩戒、复议、仲裁、诉讼等方式实现。《国家科技计划实施中科研不端行为处理办法（试行）》明确界定了科研不端行为的五种情形，并规定依据行为轻重采取相应的惩罚措施。伦理问题自身的复杂性决定了对科研不端行为的认定及惩戒难免会出现纠纷。针对伦理审查和违规处理异议，救济规范应当为当事人提供申请仲裁、复议和诉讼的渠道。2019 年 10 月 8 日，科技部公布了《科学技术活动违规行为处理规定（征求意见稿）》，界定了科研活动违规行为及从重处理的情形，明确规定了违规行为的处理尺度和流程，这是中国在科研伦理救济规范建设方面的一大进步。附录 2 中列出了我国目前颁布的与科研伦理相关的政策文件。

## 2.2 伦理审查

### 2.2.1 伦理审查概念

伦理审查，是指在科研与技术开发工作中，为保障利益相关者的权益，促进研究人员在研究活动中遵循客观、诚信、公正、负责等伦理原则，维护知识产权，提高专业操守，由独立的伦理委员会等机构对科研进程的道德合理性与合法性进行评估审核的制度与机制安排。伦理审查是研究型论文不可或缺的一部分，在初审环节便直接决定着投稿的“命运”，是文章顺利入审的“通行证”。

以科学研究为目的涉及人体受试者的研究均需要经过伦理审查，文章中需提供批准该临床研究的伦理委员会名称及其批准号。如研究涉及多中心临床试验，先由组长单位获得伦理审批号，然后各个分中心须重新经过伦理审查，如涉及我国人类遗传资源开展的国际合作科学研究，应由合作双方共同提出申请，并经过国务院科学技术行政部门的批准，才能开展国际合作。

近年来，科学技术的发展日新月异，给整个社会带来了前所未有的变化。医学领域的发展也是如此，医学科学技术的不断成熟使我们看到了最新科技给人类带来意想不到的改变，并给我们如何接受这种改变带来了挑战。比如，干细胞治疗、克隆人的争议，以及胎儿基因编辑的问题。

迅猛发展的医学科学技术和伦理学产生了越来越尖锐的对立。如果不建立一种行之有效的机制对此类研究加以限制，患者和公众将会面临什么样的危险？如何在科学性和伦理性之间找到一个相对的平衡点，让科学技术在伦理的框架下有序健康地发展？这就是伦理审查存在的意义。

### 2.2.2 伦理审查原则

伦理审查基本原则包括：合法合规原则，知情同意原则（自主决定权、杜绝欺骗利诱、随时退出权），控制风险原则（受试者安全优先于科学、社会利益，风险受益合理），公平合理原则，免费和补偿、赔偿原则（不收费，合理支出适当补偿），保护隐私原则（如实告知隐私保密措施，不向第三方透露），特殊保护原则（弱势群体的特殊保护），公共利益原则，依法赔偿原则（及时免费治疗，法律法规或双方约定的赔偿）。项目实施过程中要时刻用这些基本原则来规范我们的研究。

### 2.2.3 伦理审查要素

1. 试验方案的设计与实施

（1）研究符合公认的科学原理，基于文献以及充分的实验室研究和动物实验；

（2）与研究目的有关的研究设计和对照组设置的合理性；

（3）受试者提前退出研究的标准，暂停或终止研究的标准；

（4）研究实施过程中的监查和稽查计划，包括必要时成立独立的数据与安全监察委员会；

（5）研究者的资格与经验、并有充分的时间开展临床研究，人员配备及设备条件等符合试验要求；

（6）临床研究结果报告和发表的方式。

2. 试验的风险与受益

（1）研究风险的性质、程度与发生概率的评估；

（2）风险在可能的范围内最小化；

（3）预期受益的评估：受试者的受益和社会的受益；

（4）研究风险与受益的合理性：对受试者有直接受益前景的研究，预期受益与风险应至少与目前可获得的替代治疗的受益与风险相当；研究风险相对于受试者预期的受益而言必须是合理的；对受试者没有直接受益前景的研究，风险相对于社会预期受益而言，必须是合理的。

3. 受试者的招募

（1）受试者的人群特征（包括性别、年龄、种族等）；

（2）研究的受益和风险在目标疾病人群中公平和公正分配；

（3）拟采取的招募方式和方法；

（4）向受试者或其代表告知有关研究信息的方式；

（5）受试者的纳入与排除标准。

4. 知情同意书告知的信息

（1）研究目的、基本研究内容、流程、方法及研究时限；

（2）研究者基本信息及研究机构资质；

（3）研究结果可能给受试者、相关人员和社会带来的益处，以及给受试者可能带来的不适和风险；

（4）对受试者的保护措施；

（5）研究数据和受试者个人资料的保密范围和措施；

（6）受试者的权利包括：自愿参加和随时退出、知情、同意或不同意、保密、补偿、受损害时获得免费治疗和赔偿、新信息的获取、新版本知情同意书的再次签署、获得知情同意书等；

（7）受试者在参与研究前、研究后和研究过程中的注意事项。

5. 知情同意书的过程

（1）知情同意应符合“完全告知、充分理解、自主选择”的原则；

（2）知情同意的表述应通俗易懂，适合该受试者群体理解的水平；

（3）对如何获得知情同意有详细的描述，包括明确由谁负责获取知情同意，以及签署知情同意书的规定；

（4）计划纳入不能表达知情同意者作为受试者时，理由充分正当，对如何获得知情同意或授权同意有详细说明；

（5）在研究过程中听取并答复受试者或其代表的疑问和意见的规定。

6. 免知情同意范围

（1）利用可识别身份信息的人体材料或者数据进行研究，已无法找到该受试者，且研究项目不涉及个人隐私和商业利益的；

（2）生物样本捐献者已经签署了知情同意书，同意所捐献样本及相关信息可用于所有医学研究的。

7. 受试者的医疗和保护

（1）研究人员资格和经验与研究的要求相适应；

（2）因研究目的而不给予标准治疗的理由；

（3）在研究过程中和研究结束后，为受试者提供的医疗保障；

（4）为受试者提供适当的医疗监测、心理与社会支持；

（5）受试者自愿退出研究时拟采取的措施；

（6）延长使用、紧急使用或出于同情而提供研究用药的标准；

（7）研究结束后，是否继续向受试者提供研究用药的说明；

（8）受试者需要支付的费用说明；

（9）提供受试者的补偿（包括现金、服务和/或礼物）；

（10）由于参加研究造成受试者的损害/残疾/死亡时提供的补偿或治疗；

（11）保险和损害赔偿。

8．隐私和保密

（1）可以查阅受试者个人信息（包括病历记录、生物学标本）人员的规定；

（2）确保受试者个人信息保密和安全的措施；

（3）未经授权不得将受试者个人信息向第三方透露。

9．涉及弱势群体的研究

（1）唯有以该弱势人群作为受试者，研究才能很好地进行；

（2）研究针对该弱势群体特有的疾病或健康问题；

（3）当研究对弱势群体受试者不提供直接受益可能，研究风险一般不得大于最小风险，除非伦理委员会同意风险程度可略有增加；

（4）当受试者不能给予充分知情同意时，要获得其法定代理人的知情同意，如有可能还应同时获得受试者本人的同意。

10．涉及特殊疾病人群、特定地区人群/族群的研究

（1）该研究对特殊疾病人群、特定地区人群/族群造成的影响；

（2）外界因素对个人知情同意的影响；

（3）研究过程中，计划向该人群进行咨询；

（4）该研究有利于当地的发展，如加强当地的医疗保健服务，提升研究能力，以及应对公共卫生需求的能力；

（5）必要时向国家人遗办申请批准后方可开展。

11．批准研究项目的基本标准

（1）坚持生命伦理的社会价值；

（2）研究方案科学；

（3）公平选择受试者；

（4）合理的风险与受益比例；

（5）知情同意书规范；

（6）尊重受试者权利；

（7）遵守科研诚信规范。

12. 批准研究项目的基本标准（原 SFDA）

（1）对预期风险有相应的风险控制管理措施；

（2）受试者风险相对于预期受益合理；

（3）受试者选择的公平公正；

（4）知情同意告知信息充分，知情同意过程规范；

（5）必要时，有充分的数据与安全监察计划；

（6）受试者隐私和数据的保密；

（7）对弱势群体有相应的保护措施。

### 2.2.4 伦理审查流程

1. 伦理审查阶段

伦理审查阶段包括初始审查和跟踪审查。

初始审查主要在研究开展前进行，审查通过，伦理委员会将授予伦理审批件。初始审查的伦理批件并不意味着伦理审查工作的结束，仅仅说明伦理委员会同意开展此项研究。在初始伦理审查之后，还要开展伦理跟踪审查。跟踪审查包括：修正案审查、严重不良事件审查、方案违背审查、年度进展审查、暂停/终止审查、结题审查等。

另外，如果知情同意文件版本有了变更，也应该再次提交伦理审查，再按新版本的知情同意书及版本号执行。

2. 伦理审查流程（图 2.1）

（1）提交材料

涉及人的生物医学研究项目的负责人作为伦理审查申请人，在申请伦理审查时应当向负责项目研究的医疗卫生机构的伦理委员会提交下列材料：

① 伦理审查申请表；

② 研究项目负责人信息、研究项目所涉及的相关机构的合法资质证明以及研究项目经费来源说明；

③ 研究项目方案、相关资料，包括文献综述、临床前研究和动物实验数据等资料；

④ 受试者知情同意书；

⑤ 伦理委员会认为需要提交的其他相关材料。

（2）伦理委员会审核

伦理审查分为快速审查和会议审查（紧急会议审查）。

快速审查由至少两名主审委员评议、讨论决定通过。这两名主审委员，分属医药专业背景与非医药专业背景。一名是有此研究相关背景的委员，进行方案科学性和伦理性的审查，另一名负责审查知情同意书。快速审查范围包括：无弱势群体不大于最小风险的科研课题；实验方案的较小修正；未纳入受试者，或者已完成干预年度/定期跟踪审查；严重不良事件（SAE）审查。

会议审查以投票表决的方式做出决定。若不能取得一致意见，应按超过1/2全体委员人数票的意见做出决定。伦理审查决议的结论可分为以下几种：同意；必要的修改后同意；不同意；终止或者暂停已同意的研究。紧急会议审查范围包括：紧急事件，如果处理延误将直接或间接影响公众利益，造成国家经济损失等；非预期SAE导致死亡；其他适当的理由。

伦理审查主要审查内容包括：

① 研究者的资格、经验、技术能力等是否符合试验要求；

② 研究方案是否科学并符合伦理原则的要求；中医药项目研究方案的审查，还应当考虑其传统实践经验；

③ 受试者可能遭受的风险程度与研究预期的受益相比是否在合理范围之内；

④ 知情同意书提供的有关信息是否完整易懂，获得知情同意的过程是否合规恰当；

⑤ 是否有对受试者个人信息及相关资料的保密措施；

⑥ 受试者的纳入和排除标准是否恰当、公平；

⑦ 是否向受试者明确告知其应当享有的权益，包括在研究过程中可以随时无理由退出且不受歧视的权利等；

⑧ 受试者参加研究的合理支出是否得到了合理补偿；受试者参加研究受到损害时，给予的治疗和赔偿是否合理、合法；

⑨ 是否有具备资格或者经培训后的研究者负责获取知情同意，并随时接受有关安全问题的咨询；

⑩ 对受试者在研究中可能承受的风险是否有预防和应对措施；

⑪ 研究是否涉及利益冲突；

⑫ 研究是否存在社会舆论风险；

⑬ 需要审查的其他重点内容。

临床科研中的伦理审查是必要的，既是对受试者的必要保护，也是督促研究者规范严谨并保护研究者的手段。期刊也很关注投稿的文章是否有规范的伦理审查。

（3）审核意见通知

（4）审查批件

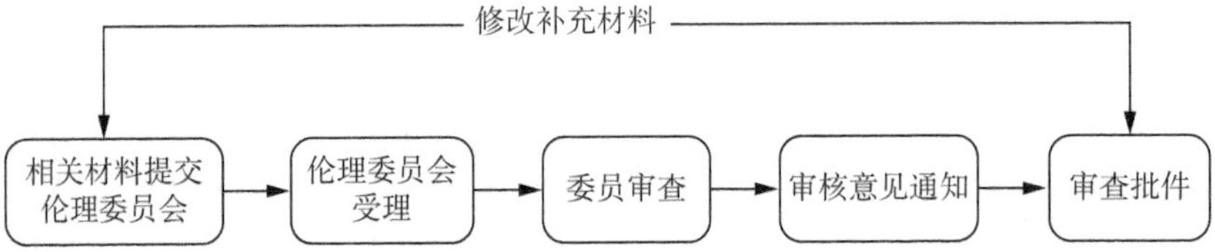


**图 2.1 伦理审查流程图**

## 2.3 案例分析

2018 年 11 月 26 日，某大学原副教授贺某在第二届国际人类基因组编辑峰会召开前一天宣布，一对名为露露和娜娜的基因编辑婴儿于 2018 年 11 月在中国健康诞生。这对双胞胎的一个基因被修改，使她们出生后即能天然抵抗艾滋病毒感染。

2018 年 11 月 26 日 17 点，“知识分子”官方微博上发表了 122 位科学家的联合声明，强烈谴责首例免疫艾滋病基因编辑，声明中写道：“这项所谓研究的生物医学伦理审查形同虚设。直接进行人体实验，只能用疯狂形容。……此项技术早就可以做，没有任何创新，……这些不确定性的可遗传的遗传物质改造一旦做出，活人就不可避免地会混入人类的基因池，将会带来什么样的影响，没有人能预知。”

法院审理查明，2016 年以来，贺某得知人类胚胎基因编辑技术可获得商业利益，即与广东省某医疗机构张某、深圳市某医疗机构覃某共谋，在明知违反国家有关规定和医学伦理的情况下，仍以通过编辑人类胚胎 CCR5 基因可以生育免疫艾滋病的婴儿为名，将安全性、有效性未经严格验证的人类胚胎基因编辑技术用于辅助生殖医疗。贺某等人伪造伦理审查材料，招募男方为艾滋病病毒感染者的多对夫妇实施基因编辑及辅助生殖，以冒名顶替、隐瞒真相的方式，由不知情的医生将基因编辑过的胚胎通过辅助生殖技术移植入人体内，致使 2 人怀孕，先后生下 3 名基因编辑婴儿。

法院认为，3 名被告人未取得医生执业资格，追名逐利，故意违反国家有关科研和医疗管理规定，逾越科研和医学伦理道德底线，贸然将基因编辑技术应用于人类辅助生殖医疗，扰乱医疗管理秩序，情节严重，其行为已构成非法行医罪。根据 3 名被告人的犯罪事实、性质、情节和对社会的危害程度，依法判处被告人贺某有期徒刑三年，并处罚金人民币三百万元；判处张某有期徒刑二年，并处罚金人民币一百万元；判处覃某有期徒刑一年六个月，缓刑二年，并处罚金人民币五十万元。同时，《人民日报》也撰文表示，贺某等人之所以冒天下之大不韪，主要是为了获取商业利益。此外，只能用即将销毁的人类胚胎做短期试验是学界公约，贺某的做法相当于打破了“禁区”、践踏了规则。

## 参考资料：

[1] 英论阁. 科学研究中伦理道德的重要性 [EB/OL].（2020 - 04 - 20）. https：//mp. weixin. qq. com/s/xlehxwfqSpVKiuKkfMr-9A.

[2] 张月红 . 科研伦理，从何谈起 [EB/OL].（2022-04-28）. https：//mp. weixin. qq. com/s/dpdcHURUldDK9OBDPSE1uw.

[3] 袁珩 . 光明日报：科学研究与社会责任——科研伦理问题面面观 [N/OL].（2020-02-13）. https：//news. gmw. cn/2020-02/13/content _ 33550000. htm.

[4] 中国力学学会 . 科研人员应该遵守哪四项基本的伦理原则 [DB/OL].（2017-10-20）. https：//www. docin. com/p-2035008402. html.

[5] 陈传夫，焦钰巧 . 科研伦理规范的调查与体系优化研究 [J]. 中国科技论坛，2020（05）：24-31＋40.

[6] 启领生物 . 伦理审查有必要吗 [EB/OL].（2019-08-02）. https：//mp. weixin. qq. com/s/I5yaL-oSAP4s6E7z-GNZMA.

[7] 中华人民共和国国家卫生和计划生育委员会 . 涉及人的生物医学研究伦理审查办法 [EB/OL].（2016-10-12）. https：//www. gov. cn/gongbao/content/2017/content _ 5227817. htm? eqid＝fbc9cf6000031fa900000002646320b7.

# 第二章

## 文献检索与阅读

## 3.1　文献数据库介绍

文献是用文字、图形、符号、音频、视频等技术手段记录人类知识的一种载体。包括：图书、期刊、会议文献、科技报告、专利文献、科技档案等各类出版物。文献数据库是指计算机可读的、有组织的相关文献信息的集合。在文献数据库中，文献信息不是以传统的文字形式存在，而是将文字用二进制编码的方式表示，按一定的数据结构，有组织地存储在计算机中，从而使计算机能够识别和处理。文献数据库是当前通过遍布于全世界的通信网络进行联机情报检索的主要处理和检索对象。

### 3.1.1　中文文献数据库

（1）国家哲学社会科学文献中心，网址：http://www.ncpssd.cn/。

国家哲学社会科学文献中心主要开设有资讯、资源、专题、服务四个栏目。资源包括中文、外文学术期刊 7 000 多种，还有外文图书、古籍等四类，上线文献数据超过 1 000 万条，与国内 60 多家社会科学研究机构网站导航链接，初步形成国家哲学社会科学学术期刊数据库、外文学术期刊数据库、中国社会科学院科研成果数据库等特色资源数据库，另有国家哲学社会科学文献中心 APP 可供用户方便快捷地在手机、平板电脑等移动终端免费使用学术资源。

（2）中国国家数字图书馆，网址：http://www.nlc.cn/。

中国国家数字图书馆为读者提供了覆盖图书、期刊、报纸、论文、古籍、工具书、音视频、专利、标准、数值事实等多种类型的数字资源，内容覆盖生物医学、化学化工、计算机科学、电子工程、材料科学、食品科学、人文学、社会学、心理学、法律法规、图书情报学、经济学、商业贸易等各领域的学科及部分自建特色资源，可提供逾 17 万种各学科的图书。

（3）中国科技论文在线，网址：http://www.paper.edu.cn/。

中国科技论文在线是经教育部批准，由教育部科技发展中心主办，针对科研人员普遍反映的论文发表困难，学术交流渠道窄，不利于科研成果快速、高效地转化为现实生产力等问题而创建的科技论文网站。该网站打破传统出版物的概念，免去传统的评审、修改、编辑、印刷等程序，给科研人员提供了一个方便、快捷的交流平台，提供了及时发表成果和新观点的有效渠道，从而使新成果得到及时推广，科研创新思想得到及时交流。

(4) 全国图书馆参考咨询联盟，网址：http://www. ucdrs. superlib. net/。

全国图书馆参考咨询联盟拥有我国目前最大规模的中文数字化资源库群，包含电子图书 120 万种，期刊论文 4 000 多万篇，博硕士论文 300 万篇，会议论文 30 万篇，外文期刊论文 500 万篇，国家标准和行业标准 7 万件，专利说明书 86 万件，以及全国公共图书馆建立的规模庞大的地方文献数据库和特色资源库，提供网络表单咨询、文献咨询、电话咨询和实时在线咨询等多种方式的服务。

(5) CALIS 学位论文中心服务系统，网址：http://etd. calis. edu. cn/。

CALIS 学位论文中心服务系统面向全国高校师生提供中外文学位论文检索和获取服务。目前，博硕士学位论文记录逾 384 万条，其中，中文学位论文约 172 万条，外文学位论文约 212 万条。

该系统提供检索结果与 CALIS 文献传递的链接，读者可以直接在线提交申请，获取学位论文全文。

(6) 中国知网，网址：https://www. cnki. net/。

中国知网是一个综合性数据库，收录各学科期刊论文、图书、学位论文、报纸、会议论文、专利、标准等多种类型的文献。更新快，时差短。检索模式多，且提供多种链接，便于查找相关文献。有结果分组分析功能及多种排序方式，方便选择文献，并提供文献被引用情况。知网的下载格式有两种：CAJ 格式和 PDF 格式。PDF 格式可在手机、平板电脑、kindle 上阅读。CAJ 格式虽然需要下载 CAJViewer（知网上可以直接下载），但更易于操作，界面比较清晰，使用起来很方便。

(7) 万方数据知识服务平台，网址：http://www. wanfangdata. com. cn/link/index. do。

万方数据知识服务平台是在原万方数据资源系统的基础上，经过不断改进、创新而成，集高品质信息资源、先进检索算法技术、多元化增值服务、人性化设计等特色于一身，是国内一流的品质信息资源出版、增值服务平台。主要产品有：中国学术期刊数据库（CSPD）、中国学位论文全文数据库（CDDB）、中国学术会议文献数据库（CCPD）、中外专利数据库（WFPD）、中外标准数据库（WFSD）、中国法律法规数据库（CLRD）、中国科技成果数据库（CSTAD）、中国特种图书数据库（CSBD）、中国机构数据库（CIDB）、中国企业机构数据库（CEOD）、中国专家数据库（CESD）、中国学者博文索引库（WFBID）、OA 论文索引库（OAPID）。

(8) 超星期刊数据库，网址：http：//qikan. chaoxing. com/。

超星期刊数据库目前有国内期刊 6 500 种，核心刊 1 300 种，涵盖中图法 22 大类。采用流式媒体阅读呈现，多终端自适应阅读。富媒体出版与交互阅读，学术传播、分享与强大开放评价体系结合。无缝对接超星发现、云舟、移动图书馆。

(9) 维普资讯中文期刊服务平台，网址：http://qikan. cqvip. com/。

维普资讯中文期刊服务平台是一个综合性数据库，各学科文献都有收录。其中收录 8 000 余种中文期刊，收录起始时间为 1989 年。每日更新，可免费检索，全文需购买方可使用。数据进行了分类标引处理，但未经主题标引，检索时要注意收齐同义词，有时可能使用分类途径检索更好。

(10) 全国报刊索引，网址：https://www. cnbksy. com/home。

全国报刊索引收录了全国包括港、台地区的期刊 8 000 种左右。内容包括我国与各省市自治区党政军、人大、政协等重大活动，领导讲话、法规法令、方针政策、社会热点问题，各行各业的工作研究、学术研究、文学创作、评论综述，以及国际、国内的重大科研成果等。该数据库网站源于期刊《全国报刊索引》，收录的内容以及收录范围与期刊相同，但在数量与收录报刊品种上都多于期刊。

(11) 国家科技图书文献中心 (NSTL)，网址：https://www. nstl. gov. cn/。

国家科技图书文献中心目前收藏有中外文期刊、图书、会议文献、科技报告、学位论文等各种类型、载体的科技文献信息资源，其主要任务是面向全国提供馆藏文献的阅览、复印、查询、检索以及网络文献全文和各项电子信息服务。

(12) 中国科学文献服务系统，网址：http://sciencechina. cn/scichina2/index. jsp。

中国科学文献服务系统包括“中国科学引文数据库”和“中国科学院学位论文数据库”，收录 1985 年至今中英文科技核心期刊和优秀期刊的论文。中国科学引文数据库起始于 1989 年；中国科学院学位论文数据库建于 20 世纪 80 年代中叶。新增“中国科学文献计量指标库”和“中国科技期刊引证指标库”，对我国年度科技论文的产出力和影响力及其分布情况进行客观的统计和描述，反映了中文科技期刊在中文世界的价值和影响力。

(13) EPS 数据平台，网址：http://olap. epsnet. com. cn/index. html。

EPS 数据平台是集丰富的数值型数据资源和强大的分析预测系统为一体的覆盖多学科、面向多领域的综合性信息服务平台与数据分析平台。通过对各类统计数据的整理和归纳，已形成国际数据、宏观经济、金融市场、产业运行、区域经济、贸易外经、资源环境、县市数据、人文社科的系列数据库集群。有中英文双语版本，提供跨库检索、数据处理、统计分析、建模预测和可视化展现于一体的强大系统功能，为各类读者、科研人员及国内外图情系统、各类研究机构提供从数据获取、数据处理、分析预测、多样展现到本地保存的一站式数据服务。

### 3.1.2 外文文献数据库

(1) Web of Science 数据库，网址：http://webofscience.com/。

Web of Science 是一个大型的综合性、多学科的核心期刊引文索引数据库，包括多个引文数据库，其中就有我们常说的 SCI（科学引文索引，Science Citation Index）。内容涵盖自然科学、工程技术、生物医学、社会科学、艺术与人文等领域，最早可回溯至 1900 年，相当于是英文版的知网。该数据库文献收录全面，检索界面友好，是业界标准（影响因子即是以此网站的数据为准）。利用 Web of Science 丰富而强大的检索功能——普通检索、被引文献检索、化学结构检索，用户可以方便快速地找到有价值的科研信息，既可以越查越旧，也可以越查越新，全面了解有关某一学科、某一课题的研究信息。但该网站也有一个缺点，就是不提供分类检索的功能，几乎不能从学科体系的角度进行检索。

(2) Springer 数据库，网址：https://www.springer.com/cn。

德国 Springer-Verlag 作为全球领先的科学、技术和医学出版机构，期刊是它的一大特色，但更著名的是它所囊括的图书，其官方数据库 Springer Link 是全球第一个提供多语种、跨产品的出版服务平台，涵盖 Springer 出版的所有在线资源，包括电子图书、电子期刊、电子丛书和大型电子工具书。Springer Link 通过纯数字模式的专家评审编辑程序，从以卷期为单位的传统印刷出版标准过渡到以单篇文章为单位的网络出版标准，现在已有超过 200 种期刊优先以电子方式出版（Online First），大大提高了文献网上出版的速度和效率，并保持了文献的高质量要求。Springer 的发展目标是把 Online First 出版方式应用到所有 Springer Link 提供全文服务的期刊上。Springer Link 电子期刊（全文）覆盖的学科有：生命科学（134 种）、化学（52 种）、地球科学（61 种）、计算机科学（49 种）、数学（80 种）、医学（221 种）、物理与天文学（58 种）、工程学（61 种）、环境科学（42 种）、经济学（32

种）和法律（12 种）等（由于一些期刊内容在学科上的交叉，故存在同一种期刊被划分在多个学科的情况），其中大部分期刊是被 SCI、SSCI 和 EI 收录的核心期刊，是科研人员的重要信息源。

（3）Science Direct 数据库，网址：https://www.sciencedirect.com/。

荷兰 Elsevier 公司是世界著名的学术期刊出版商，出版有 2 000 多种同行评审的学术期刊，包括数学、物理、生命科学、化学、计算机、临床医学、环境科学、材料科学、航空航天、工程与能源技术、地球科学、天文学，以及经济、商业管理、社会科学等学科。从 1997 年开始，该公司推出名为 Science Direct 的电子期刊计划，将该公司的全部印刷版期刊转换为电子版，内容每日更新。

（4）Engineering Village 数据平台，网址：https://www.elsevier.com/solutions/engineering-village。

Engineering Village 提供 12 个工程文献和专利数据库，可提供广泛可信的工程资源。其中的 Ei Compendex，就是我们常说的美国工程索引 EI 数据库，现如今是世界上最广泛、最完整的工程文献数据库，收录了来自 77 个国家 190 个工程学科的索引记录。

另外，Engineering Village 数据平台还涵盖以下数据库：

① Inspec 数据库，是世界上最权威的书目科学数据库之一。可以通过 Inspec Archive 进行补充以扩展覆盖范围，其记录可以使用当前的 Inspec 叙词表术语和分类代码进行增强。

② GEOBASE 数据库，包含有关地球科学、生态学、地质学、人类和自然地理学以及环境科学的最新信息，提供了对任何所需地区的全面地质评价。

③ GeoRef 数据库，提供全球发布的地球科学文献的全面报道。

④ EnCompass 数据库，由两个高度专业化的工程数据库组成，因其在科学文献和专门针对石油炼制、石化、天然气和相关能源行业研究的专利提供卓越的见解而享誉全球。

⑤ Engineering Village 专利，为研究人员提供了利用美国和欧盟专利记录的科学和技术信息所需的工具。

⑥ NTIS 数据库，是美国和国际政府机构提供的非机密报告的主要来源，Engineering Village 采用受控索引和分类，使研究人员能够检索相关结果，为确定政府最新发展和研究趋势提供重要资源。

⑦ PaperChem 数据库，是一个专门为纸浆和造纸行业的研究而创建的摘

要和索引文献数据库。

(5)《科学》(Science)，网址：http：//www. science. org/。

由美国科学促进会（AAAS）出版，Highwire 提供平台服务的综合性电子出版物。内容包括《科学》、《今日科学》、《科学快讯》、《信号转导知识环境》和《衰老科学知识环境》。《科学》周刊（*Science*）：创建于 1880 年，是在国际学术界享有盛誉的综合性科学周刊。其影响因子在所有科技类出版物中排名第一。《今日科学》(*Science Now*)：《科学》周刊的新闻组，为网上用户提供的有关科研成果或科学政策的最新消息和相关报道。《科学快讯》(*Science Express*)：《科学》用于及时报道研究文章的网上预先出版服务。《信号转导知识环境》(*Science'STKE*)：包括了研究人员和学生在别处查询不到的原始评论、观点以及编辑指南；具有独特的连接标识图，用于访问有关细胞信号路径的构成与关系的数据库。包含了原始的协议，展现了关于实验方法的重要实验技巧和指南。STKE 的索引是按照 Index Medicus/MEDLINE 编写的。还包括一本虚拟期刊，能够从 50 多种期刊中查找到成千上万篇关于信号转导方面最好的文章。《衰老科学知识环境》（*Science' SAGE KE*)：包含了原始的评论、观点和意见以及由研究团体成员所撰写的对神经退化病例的研究。SAGE KE 创造了一个虚拟社区，为研究人员提供了相互交换信息和讨论的机会；为用户提供途径，通过虚拟期刊获取成千上万篇有关衰老科学文章的文摘。SAGE KE 的主编和科学顾问团成员都是在这一领域非常活跃的研究人员，通晓该领域的最新发展。

(6) Cell Press，网址：http：//www. cell. com/。

Cell Press 是荷兰 Elsevier 出版集团的生命科学领域内的一个著名品牌。它出版了 Cell、Neuron 等众多前沿学术期刊，这些期刊文章被广泛引用，是公认的了解生物医学最新学术成果的必读文献。Cell Press 的期刊在 ISI 学科排名中名列前茅。Cell 在 2022 年的影响因子为 66. 85，是细胞生物学、生物化学、分子生物学领域内的顶级刊物。另外一些新的期刊，如 Molecular Cell，Developmental Cell 和 Cancer Cell 等已迅速成为各自研究领域内的顶级刊物。

(7) ProQuest 数据库，网址：http：//www. proquest. com。

① PQDT Global 博硕士论文数据库

PQDT Global 学位论文全文库覆盖了大部分北美地区高等院校以及世界其他地区数千个高等院校每年获得通过的博硕士论文。PQDT 学位论文全文库的授权用户可以方便地从互联网上检索 1939 年至今的 500 多万篇博硕士论文全文文献。每年至少新收录的论文数量有25万多篇。

② ProQuest Research Library（综合学术期刊数据库）

ProQuest Research Library 收录的数据覆盖商业、文学、语言、表演、视觉艺术、历史和宗教等学科。如果在"PQDT Global"数据库里面发现有些论文只能看到一半，看不了全文，这时就可以到 ProQuest Research Library 数据库检索该文章，获得全文。

③ ProQuest Psychology Database（心理学数据库）及其子数据库

ProQuest Psychology Database（心理学数据库）是 ProQuest 数据库的核心内容之一，它的子数据库主要包括：APA PsycArticles（心理学全文期刊数据库）、APA PsycBooks（心理学电子书数据库），以及 PsycEXTRA（心理学灰色文献数据库），还有 APA PsycTests（心理学测量工具数据库）、PTSDpubs（原名 PILOTS，美国国家创伤应急障碍中心数据库）等。这些都是相对专业的数据库。

④ 其他一手文献数据库

在 ProQuest 数据库中还有相当一部分一手资料。如果要查阅某一时期的资料，例如从1680年到1930年的英国期刊（British Periodicals），或者早期的英文图书（Early English Books Online，EEBO）、历史档案（History Vault）、早期的欧洲书籍（Early European Books，EEB），还有近代中国的英文报纸库（Chinese Newspaper Collection），以及科学期刊（Science Journals）等，这些在 ProQuest 数据库中都能检索到。

⑤ ProQuest Ebook Central

除学位论文以外，ProQuest 还有一个子数据库叫作"Ebook Central"，它提供各个学科的电子书内容。有一个好处就是，你不需要到网上东奔西跑地去想着怎么去下载它，这里面就可以给你提供。当然，大前提是你们就读的学校购买了"Ebook Central"。

（8）MathSciNet 数据库，网址：https://mathscinet.ams.org/mathscinet/index.html。

MathSciNet 数据库是美国数学学会（AMS）出版的《数学评论》（Mathematical Reviews）的网络版，包括《数学评论》自1940年出版以来的所有评论文章，提供专家评论，作者信息及有关文章、书籍、期刊和作者的引用信息。内容涉及数学及数学在统计学、工程学、物理学、经济学、生物学、运筹学、计算机科学中的应用等。

(9) Socolar 数据库，网址：http：//www. socolar. com。

新版 Socolar 平台内容涵盖来自全球 100 多个国家，近 7 000 家出版社的近 3 万多种学术期刊资源。其中开放获取文章超过 1 500 万篇，付费获取文章超过 5 400 万篇。内容广泛被 SCI、SSCI、SCIE、AHCI、EI、PubMed、DOAJ 收录，文章语种包括中文、英语、西班牙语、德语、葡萄牙语、法语等 40 种语言。

(10) AMiner 数据库，网址：https://www. aminer. cn。

科技情报大数据挖掘与服务系统平台 AMiner 是由清华大学计算机科学与技术系教授唐杰率领团队建立的，具有完全自主知识产权的新一代科技情报分析与挖掘平台。服务于全球科研人员，为中国工程院、国家自然科学基金委、科技部等科研管理部门提供专家智库、科技发展战略规划等科技情报挖掘服务。AMiner 自 2006 年运行至今，已收集了超过 3 亿论文成果，6 800 万研究者信息，12.9 亿论文引用关系以及 879 万知识概念。

(11) Scopus 数据库，网址：https://www. scopus. com/home. uri。

Scopus 是规模最大的同行评议文献（科学期刊、书籍和会议记录）的摘要和引文数据库。Scopus 提供全球科学、技术、医学、社会科学、艺术和人文等领域研究成果的全面概述，并提供跟踪、分析和可视化研究的智能工具。

(12) NCBI 数据库，网址：https://www. ncbi. nlm. nih. gov。

NCBI 数据库由美国国立卫生研究院（NIH）创立，不仅为分子生物学家提供了一个信息储存和处理的系统，其内含的核酸序列、分子结构、蛋白质组学等分析工具资源和 PubMed 生命科学类文献资源库受到众多科研工作者青睐。

(13) Taylor & Francis Online 数据库，网站：https://www. tandfonline. com。

Taylor & Francis Group 是世界顶尖的专注于理论和科学传播的出版集团，先后合并了多家国际知名出版社，因而 Taylor & Francis Online 收录的内容是海量的。每一个数据库背后都是几十万、上百万、上千万、上亿的数据，这都是可供我们挖掘的“宝藏”。数据库内容覆盖博物馆与文化遗产、农业、地理、体育、旅游、休闲、古典研究、性别研究，以及哲学、语言与文学、宗教、政治、国际关系这些经典学科领域，比较全面。

(14) Wiley Online Library，网址：https://onlinelibrary. wiley. com。

Wiley Online Library 是 John Wiely & Sons 公司于 2010 年推出的动态在线内容服务，其前身是 Wiley InterScience。通过 Wiley Online Library，

Wiley 公司以许可协议形式向用户提供在线访问全文内容的服务。Wiley InterScience 收录了 360 多种科学、工程技术、医疗领域及相关专业期刊、30 多种大型专业参考书、13 种实验室手册的全文和 500 多个题目的 Wiley 学术图书的全文。其中被 SCI 收录的核心期刊近 200 种。期刊具体学科划分为：商业、金融和管理、化学、计算机科学、地球科学、教育学、工程学、法律、生命科学与医学、数学统计学、物理、心理学。

（15）美国 IEEE，网址：http：//www. ieee. org。

IEEE（Institute of Electrical and Electronics Engineers）是电子信息领域最著名的跨国性学术团体，其会员分布在世界 175 多个国家和地区。IEEE 应成为 IEEE 会员获得信息的首选之地。IEEE 必须识别正确的信息，并提供对它们的访问方法。实现这个目标的重要一步是通过 IEEE Xplore 与 IEEE Electronic Library（IEL）连接。IEL 包括了 1988 年以来 IEEE 和 IEE 的所有期刊和会议录，以及 IEEE 的标准，可以通过题目、关键词和摘要进行查阅。

（16）美国 EBSCO，网址：http：//www. ebsco. com。

EBSCO 公司从 1986 年开始出版电子出版物，共收集了 4 000 多种索引和文摘型期刊和 2 000 多种全文电子期刊。该公司含有 Business Source Premier（商业资源电子文献库）、Academic Search Elite（学术期刊全文数据库）等多个数据库。Business Source Premier 收录了 3 000 多种索引、文摘型期刊和报纸，其中近 3 000 种全文刊。数据库涉及国际商务、经济学、经济管理、金融、会计、劳动人事、银行等的主题范围，适合经济学、工商管理、金融银行、劳动人事管理等专业人员使用。数据库中较著名的有《华尔街日报》（The Walls Street Journal）、《哈佛商业评论》（Harvard Business Review）、《每周商务》（Business Week）、《财富》（Fortune）、《经济学家智囊团国家报告》（EIU Country Reports）、American Banker、Forbes、The Economist 等报刊。该数据库从 1990 年开始提供全文，题录和文摘则可回溯检索到 1984 年，数据库每日更新。学术期刊集成全文数据库（Academic Search Premier，简称 ASP），包括有关生物科学、工商经济、资讯科技、通讯传播、工程、教育、艺术、文学、医药学等领域的 7 000 多种期刊，其中近 4 000 种为全文刊。EBSCO 内含有两个免费数据库：ERIC（Educational Resource Information Center，教育资源信息中心）是权威的教育文献和资源索引和全文数据库，由美国教育部教育科学研究所赞助，它是各种教育研究人员的必要工具，ERIC 收录成千上万种全文文档的记录和链接，包括各种来源类型的记录，如期刊文章、书籍、会议论文、课程指南、论文和政策论文，资源覆盖时间为 1907 至今；Newspaper Source（报纸资源）收录了 1 200 多种报纸全文，来自 150 多家新闻通讯社的新闻，超过 8 600 万份文章全文，超过 200 万份电视和广播新闻稿。

（17）美国 Netlibrary，网址：http：//search. ebscohost. com。

Netlibrary 于 1999 年成立，是世界上向图书馆提供电子图书的主要提供商，目前已被 EBSCO 收购。Netlibrary 于 2002 年 1 月 25 日成为 OCLC 联机计算机图书馆中心的下属部门。目前，世界上 7 000 多个图书馆通过 NetLibrary 存取电子图书，其中包括哥伦比亚大学、斯坦福大学、加州大学伯克莱分校，以及世界上其他成千的大小图书馆。OCLC NetLibrary 目前提供 400 多家出版社出版的 60 000 多种电子图书，并且每月增加约 2 000 种。这些电子图书覆盖所有主题范畴，约 80%的书籍是面向大学程度的读者。大多数 NetLibrary 的电子图书内容新颖，近 90%的电子图书是 1990 年后出版的。

（18）PubMed 数据库，网址：http：//pubmed. ncbi. nlm. nih. gov。

PubMed 是互联网上最著名的免费 Medline 数据库，由美国国立医学图书馆的生物信息技术中心（National Center for Biotechnology Information，NCBI）提供。该系统于 1997 年开始使用，与以往的 Medline 光盘数据库相比，PubMed 收录范围广、更新速度快、界面友好。PubMed 的数据主要有 4 个部分，与我们通常使用的 Medline 数据库收录的范围、年代、内容相同，但数据更新速度较快。

（19）MEDLINE 数据库，网址：https：//www. medline. com/catalog/catalog. jsp。

MEDLINE 是美国国立医学图书馆（United States National Library of Medicine，NLM）开发的当今世界上最具权威性的文摘类医学文献数据库之一。早期的 MEDLINE 包括了美国《医学索引》（Index Medicus）、《国际护理索引》（International Nursing Index）和《牙科文献索引》（Index to Dental Literature）三大检索工具的内容，后来又有更多的子文档加入，如 AIDS-HIV、Bioethics、Biotechnology 等数据库。MEDLINE 收录了自 1965 年以来世界上 70 多个国家约 5 000 多种生物医学期刊上发表的论文的题录或文摘，其中大约有 88%的文献为英文文献，文献来源以美国为主。目前 MEDLINE 的记录数已经超过了 3 400 多万条，覆盖了基础医学、临床医学、护理学、牙科学、兽医学、卫生保健、营养卫生、职业卫生、卫生管理等。

（20）OUP数据库，网址：http：//www.oxfordjournals.org/。

牛津大学出版社（Oxford University Press，OUP）是世界上历史最悠久和规模最大的大学出版社，现出版500多种同行评审过的期刊，覆盖的学术领域包括生物、医学、化学、心理学、数学、物理、工程、政治、经济、法律、语言、文学、艺术、哲学、社会科学等学科。

## 3.2　文献检索

### 3.2.1　文献检索方法

文献检索是一项实践性很强的活动，需要用户勤于思考，并通过时间积累逐步掌握文件检索的规律，最终迅速、准确地获取所需文献。

1. 从课题入手明确检索需求

根据自己研究的课题，确定课题内容和学科范围之间的关系，思考课题需要解决怎样的问题，需要什么性质和内容的文献，进而将检索课题分解为多个层次的主题概念。同时，明确检索需要的各种范围或限定条件，包括文献类型、语种、年代跨度、学科范围等方面的要求。

2. 检索工具的选择

选择检索工具的几个基本原则：

① 收录的文献信息需要覆盖检索需求的主题内容；

② 检索工具尽可能质量高、收录文献多、内容新、使用方便；

③ 检索工具记录来源、文献类型、语种等尽量满足检索要求；

④ 根据熟悉检索工具的程度。

3. 检索途径的确定和检索策略的制定

（1）检索途径：根据检索需求和已有信息，确定欲检索文献的学科分类、主题词、刊名、作者和时间等，以此作为检索词进行文献检索，然后进行分析提取，必要时，在分析过程中可以调整检索途径。

（2）检索策略：在分析检索需求的基础上，通过检索式，选择检索的数据库、确定检索词、弄清检索词之间的逻辑关系和查找步骤。在这个过程中，可能因为检索词一词多义、检索式符号运用不当、检索式中检索概念太少等产生误检。同时，也可能因为同义词/近义词使用不当、位置运算符运用过于严谨、检索工具选择不当、拼写错误等产生漏检。

4. 文献查找的方法

(1) 直接法

直接法又称常用法，是利用检索工具（系统）检索文献信息的方法。它又分为顺查法、倒查法和抽查法。

① 顺查法是指按照时间的顺序，由远及近地利用检索系统进行文献信息检索的方法。这种方法能收集到某一课题的系统文献，它适用于较大课题的文献检索。该方法漏检、误检率低，但工作量较大。

② 倒查法是由近及远、从新到旧，逆着时间的顺序利用检索工具进行文献检索的方法。使用这种方法可以最快地获得最新资料。该方法工作量小，但容易造成漏检。

③ 抽查法是针对项目的特点，选择有关该项目的文献信息最可能出现或最多出现的时间段，利用检索工具进行重点检索的方法。该方法可花费较少时间得到较多文献。

(2) 追溯法

追溯法是指不利用一般的检索系统，而是利用文献后面所列的参考文献，逐一追查原文（被引用文献），然后再从这些原文后所列的参考文献目录逐一扩大文献信息范围，一环扣一环地追查下去的方法。它可以像滚雪球一样，依据文献间的引用关系，获得更好的检索结果。

(3) 循环法

循环法又称分段法或综合法。把上述两种方法加以综合运用，取长补短，相互配合，获得更好的检索结果。循环法兼有直接法和追溯法的优点，可以查得较为全面而准确的文献，是实际中采用较多的方法。

### 3.2.2 文献获取途径

1. 著者途径

利用著者索引、机构（机构著者或著者所在机构）索引、专利权人索引，从著者、编者、译者、专利权人的姓名或机关团体名称进行检索的途径。

2. 题名途径

按题名检索的途径，如书名目录和刊名目录等。

3. 分类途径

按学科分类体系来检索文献，主要是利用分类目录和分类索引。

4. 引文途径

利用引文编制的索引系统称为引文索引系统，它提供从被引论文去检索引用论文的一种途径，称为引文途径。

5. 序号途径

有些文献有特定的序号，如专利号、报告号、合同号、标准号、国际标准书号和刊号等。文献序号具有明确、简短、唯一性特点，依此编成的各种序号索引可以提供按序号自身顺序检索文献信息。

6. 代码途径

利用事物的某种代码编成的索引，如分子式索引、环系索引等，可以从特定代码顺序进行检索。

7. 关联途径

从文献信息所包含的或有关的名词术语、地名、人名、机构名、商品名、生物属名、年代等的特定顺序进行检索，可以解决某些特别的问题。

## 3.3 文献管理与阅读

### 3.3.1 文献的管理

1. EndNote

EndNote 是由 Clarivate 公司开发的文献管理软件，其自身具有强大的功能，是一款集文献检索、文摘、管理、文献共享等功能于一身的老牌软件，支持国际期刊的参考文献格式有 7 000 多种，写作模板几百种，用户可以方便地使用这些模板和格式，若准备写 SCI 论文，则有必要使用这款管理软件。EndNote 能直接连接上千个数据库，提高科技文献的检索效率，可以管理数十万条参考文献。

EndNote 主要功能如下：① 直接从网络搜索相关文献并导入到 EndNote 的文献库内。② 收藏、管理和搜索个人文献和图片、表格。③ 可以定制文稿，直接在 Word 中格式化引文和图形，利用文稿模板直接书写合乎杂志社要求的文章。④ 引文编排，可以自动帮助我们编辑参考文献的格式。⑤ 具有在线搜索功能，EndNote 可以方便进入全世界绝大多数的文献数据库，并将连接和搜索这些数据库的信息用“Connection Files”的形式储存起来直接提供给使用者。但是 EndNote 也有很多不足，比如分组只支持二级目录，EndNote 也不支持标签。

2. Citavi

Citavi 来自瑞士 Swiss Academic Software 公司，是一款知识组织管理软件，在欧洲（特别是德语区）被广泛使用。它是用来管理文献的专门软件，整合了知识管理、任务计划、PDF、搜索等科研工作环节，具有强大和全面的功能。安装好之后，可以直接从其他大学的资料库中调取自己所用书籍的信息。最后完成论文后，可以直接生成参考文献列表。Citavi 的一大特点是支持 PDF 阅读功能，且可以支持多种批注格式，并能管理、组织批注形成自己的知识库，同时也支持创建文献大纲，形成知识组织管理，更好地加强使用者对文献的内容理解和组织构架形成。

3. Mendeley

Mendeley 是 Elsevier 公司旗下的一款免费文献管理软件，所有人都可以在 Mendeley 上搜索到世界各地的学术文献，这些学术文献都是由用户自己上传到 Mendeley “library” 进行编辑管理。该软件拥有整理组织文献、PDF 标记和文件分享、网络备份的功能，还有强大的 PDF 识别和搜索功能，支持 PDF 标记，可以直接在 PDF 文档中做相应的标记和注释，突出文章中的重点内容。该软件拥有网页版、Windows 版、Mac 版、Linux 版，IOS 客户端等多个平台，用户可以根据需求选择不同平台使用。软件还具有跨同步和云备份功能，用户登录账号后，在 Mendeley 中导入过的 PDF 可实现跨平台同步，方便用户在不同平台使用、查看自己的文献，不需要重复导入。

4. NoteExpress

NoteExpress 是由北京爱琴海乐之技术有限公司开发的一款专业级别的文献检索与管理系统软件，其核心功能涵盖知识采集、管理、应用、挖掘等知识管理的所有环节，对中文文献非常友好，具有很强大的中文文献管理功能，可以实现内部搜索知网文献库，并进行批量下载，这款软件导入文献资料的速度也比国外同类软件更快。

该软件的文献资料与笔记（文章）功能协调一致，除管理参考文献资料外，还可以管理硬盘上其他文章或文件，作为个人知识管理系统。对于中文文献较多的科研工作者来说尤为便利，可在一定程度上提高工作效率。

5. 知网研学（原 E-study）

知网研学（原 E-study）是来自最大中文期刊资源中国知网（CNKI）的官方版研学平台软件，常用功能包括文献检索与识别、标记与添加笔记、生成参考文献、云同步等，并且可以在线写作，为受众提供与CNKI数据库密切结合的全新数字化体验。除了常规的文献管理软件的功能外，其最大的优势是与中国知网数据库同源，可以实现数据的云管理，通过同一账号在其他平台登录可以实现数据更新，同时它能更好地和中国知网搜索引擎相结合，使得在数据管理上更加方便于受众。另外该软件是一款免费的软件，使用起来比较方便，如果文献大多来源于知网，该软件是一个很好的选择。

6. Papers

Papers是一款专业的文献管理工具软件，具有文档搜索、阅读和引用的功能。Papers把文献管理有关的各项活动流畅地组织在一起，主要功能包括文献导入、组织、阅读（注释）、自动匹配参考条目、搜索、在文档中插入引用、评点交流等。Papers一大特色就是可以从PDF原文抓取文献信息，这样便于更加清晰、自动化地管理文献，自动将文献进行分类，简洁明了。Papers内部即可打开PDF文件，具有相当强大的文献阅读功能，最突出的特点是标注和笔记功能强大，有利于之后的学习和研究。Papers是Mac系统独有的，电脑是Mac系统的用户可以尝试这款软件。

7. Zotero

Zotero是一个开放源代码的文献管理软件。Zotero特色之处是可以作为浏览器插件进行使用。本地的Zotero文献数据库还可以免费上传到Zotero的网络服务器上，并且不受空间大小限制。Zotero相比于EndNote，其最大特色是无限级的目录分类，一个目录下可以分为多个子目录，这样文献管理起来更加便捷，而EndNote只支持二级目录。Zotero还支持文献的标签功能。不过Zotero的插入引文和参考文献功能相比于EndNote来说就弱了许多，支持的输出格式也相对有限，只支持几个大类的输出格式，并没有具体的杂志格式。

### 3.3.2 文献的阅读

1. 为什么要读文献？

学术研究中的文献实际上就是专业领域内的专家们将他们所完成的研究成果通过论文的方式传输给我们的一种信息传输渠道。我们阅读文献的过程，就是获取科研成果信息的过程。通过阅读文献，我们可以了解到这个世界上本专业领域的主要发展情况，在这个了解的过程中不断地积累本专业领域的知识，产生属于自己的研究思路。

2. 如何阅读文献？

文献检索完成后，就到了核心步骤——文献阅读。好的文献阅读习惯能够为科研工作者的科学研究打下基础，也能为后续的论文写作部分培养科学逻辑思维和科技论文写作能力。阅读文献时需要注意以下事项：

（1）关注标题、摘要。文献的标题直接体现一篇文章的核心思想，并承担导读和检索的功能。好的文献都能够以最恰当、简洁的词语来反映出整篇论文中的核心内容和逻辑组合。读者在阅读论文之前首先注意到的是标题，通过标题可以抓住文章的“灵魂”。在阅读文献之前，可以注意一下优秀文献的文章标题写作方法，如何反映文章核心内容。

但是，仅仅只有标题的话不足以让我们了解论文的主要内容。摘要的存在就充分弥补了标题的不足。文献的摘要可作为整篇文章的“窗口”，能让读者在最短的时间内快速掌握文章的大致信息，从而判断这篇文章是否需要深入阅读。

（2）注意文献阅读的顺序和侧重。文献阅读首先要明确文献各部分的主要作用，比如前言部分主要是用来介绍研究背景、科学假设和研究目的等信息，材料方法则是对实验方案和测试手段的详细介绍，结果和讨论是数据展示、解释和核心观点论证的部分等。根据自己的阅读目的可以采用多种方法阅读文献。好的阅读顺序能够让我们更为清晰地理解整篇文章的逻辑结构，同时也能帮助我们了解写作过程中所需要注意的写作顺序和逻辑论证的推进过程。

（3）通读。在通过标题、摘要等初步判断出论文是否要深入阅读之后，可以快速通读全文，印证之前我们通过标题、摘要等作者所提供的简介式内容所获取的信息是否正确，再一次判断论文的可参考性。通读完第一遍后，再次确认该文献是否值得深入阅读。

深入阅读就要仔细看论文的内容，争取不放过任何重要的细节，深入阅读需要注意以下技巧：

① 确立文章架构，抓住核心内容。不管是读英文原文的文献，还是阅读中文原文的文献，确立文章句子的架构都是很重要的一步，文献注重的是逻辑和推理，从开始到结尾都是非常严格的推理过程，如果我们能够将文章和句子的架构整理总结出来，甚至作出严谨的提纲，那将会大大减少我们深入理解文献的时间。在好的文献的每一段中整理并总结出它的主题信息是一件

非常容易的事情，其中的无用信息我们就可以忽略不看，从而为文献的阅读省下大量宝贵的时间和精力。

② 重点关注文献中的图表内容。图表内容一般都是整篇论文中的重要部分，其中会蕴含不少的细节，我们在阅读的时候可以关注论文所得出的结论与图表给出的数据是否一致、结论是否有统计的意义，也可以关注文献的小细节有没有做到位，比如图表中坐标轴的标记是否正确，数据是否正确对应等等。

③ 标记所引用的参考文献。无论是普通期刊中发布的论文还是核心期刊中发布的重要文献，其引用的参考文献一般都值得一读，这些参考文献中一定存在着启发点，特别是其中我们尚未阅读过的，未尝不可以在这之后进一步阅读，从而对这一篇论文进行更深入的探索。当然，也不是所有的参考文献都需要阅读，这样太浪费时间了，这里我们同样需要对论文进行参考性的价值判断，判断方法可参考前文。

通过上述技巧，一般在第二遍阅读文献之后就能够掌握整篇文献的主旨和细节了，但这也不是必然的，好的论文或许需要我们进行第三次、第四次甚至第五次的阅读，而且往往在新一次的阅读中我们还能获取到新的信息或者产生新的想法，这可能就是好论文的出色之处。

（4）归纳总结、做笔记。俗话说“好记性不如烂笔头”，在进行深入阅读的时候，归纳总结和及时记笔记显然是有助于启发研究思路和写作思路的。我们可以对文献的整体结构、核心观点的逻辑辩证过程、图表数据的展示方法等内容进行归纳总结，将总结所得及时记到阅读笔记本中，在之后的研究中可以经常翻阅来获得启发。

阅读文献的笔记可以按不同的内容进行分类归纳总结摘录，分类的类别有很多，比如：研究方法、实验方法、研究思路、结果、进展、灵感来源等等都可以，每一个分类中我们都可以对所做标记的论文进行批注，记下当时的重要想法或者是重要的点。

对于文献阅读笔记最好还要定期进行总结，大家都知道知己知彼方能百战不殆，通过阅读文献总结出本专业领域的大专家在过去已经完成了什么重要的研究、现在正在进行的重要研究又是什么，又或者是未来本专业领域的热点是什么，只有明白这些我们才能够准确出击，达到一击必胜的结果。同时，好的思路、一闪而过的灵感，在做过笔记后不要丢下就不管了，随时总结和回顾，才有可能真正地将这些想法和灵感落实下来。

（5）勤思考。读完文献之后一定要进行思考，这里的思考不仅仅是要了解别人做了什么，还需要去思考作者还有什么没有做的、实验和数据是否一致、结论是否可靠等等。

前文提到过的阅读笔记在这里也能发挥极大的用处，重新看一次文献会花费大量的时间，笔记则能够快速勾起我们的回忆，帮助再次消化文献中比较难懂的知识。

## 3.4 案例分析

以“气候变化对生态系统的影响”为例，文献检索步骤如下：

（1）确定检索目标：明确需要查找的具体主题或问题，如“气候变化对生态系统的影响”。

（2）选择合适的数据库：针对环境领域，可以选择包括环境科学、生态学、气候变化等方面的学术数据库，如 Scopus、Web of Science、PubMed 等。

（3）构建检索词：根据明确的检索目标构建相关的检索词，包括主题词、关键词和同义词，例如“climate change”“ecosystem”“impact”等。

（4）执行检索：在选定的数据库中使用构建好的检索词进行检索。如图 3.1，图 3.2 所示，以 Web of Science 为例，选择数据库 Web of Science Core Collection 后，在检索框输入检索词“climate change ecosystem impact”。

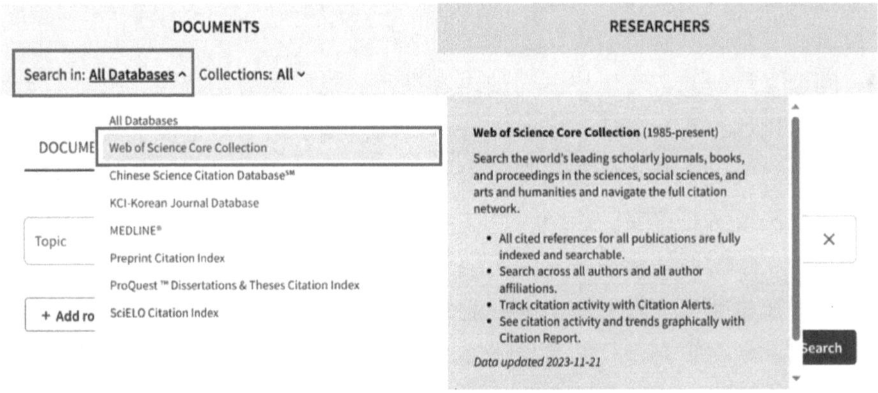


图 3.1 选择数据库示例

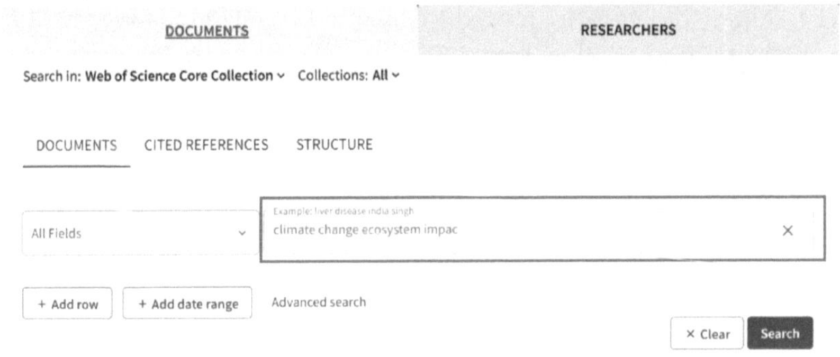


图 3.2　执行检索示例

（5）筛选结果：根据文献的标题、摘要等信息筛选出与主题相关的文献。此外，还可以利用左侧“Refine results”中的快速过滤器、文献类型、研究领域等进行进一步筛选文献，如图 3.3 与图 3.4 所示。

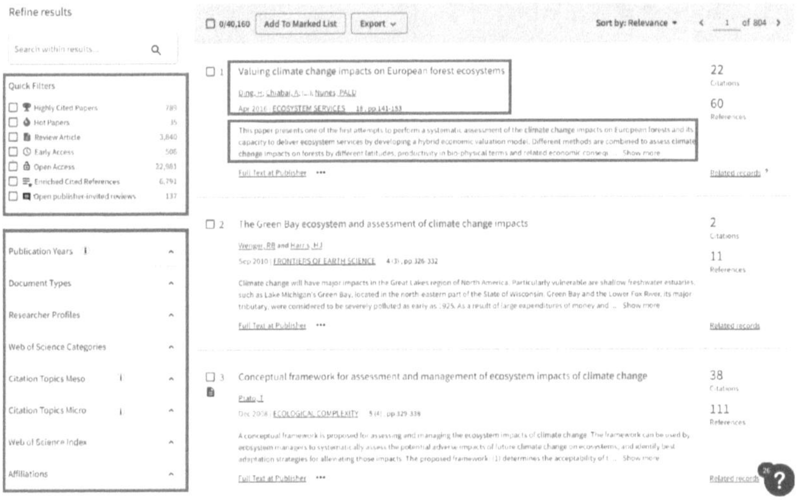


图 3.3　筛选结果示例

图 3.4　优化结果示例

(6) 获取全文：筛选出与主题相关的文献后，可以通过数据库链接或学校图书馆检索系统获取全文，以便进一步阅读和分析，如图 3.5 所示。

图 3.5 获取全文示例

## 参考资料：


[1] 徐菊. 商业性文献数据库的营销策略研究——基于维普资讯、万方数据、中国知网的比较分析 [D]. 上海：华东师范大学，2008.

[2] 路如意. 硕士研究生文献阅读能力综合评价研究 [D]. 南昌：江西财经大学，2022.

[3] 期刊强国. 25 个国内外文献数据库 [EB/OL]. (2020-03-15). https://mp.weixin.qq.com/s/mt3-ikBss1baglaDlB0JPg.

[4] 百度学术. 论文写作之如何搞定文献综述 [DB/OL]. (2020-07-13). https://baijiahao.baidu.com/s?id=1672099001427486665&wfr=spider&for=pc.

[5] 百纳知识. 读研期间如何做好文献阅读笔记 [EB/OL]. (2021-10-21). https://mp.weixin.qq.com/s/Ugl4WfPZusN7pXidhPjNEg.

[6] 谢煜. 科学网博客. 研究生文献阅读的方法 [EB/OL]. (2020-05-04). https://wap.sciencenet.cn/blog-330938-1231542.html?mobile=1.

# 第四章

# 科技论文概述

## 4.1 科技论文的定义与特点

### 4.1.1 科技论文的定义

科技论文是对创造性的科研成果进行理论分析和总结的科技写作文体。更翔实的定义为：科技论文是报道自然科学研究和技术开发创新工作成果的文章，它是通过运用概念、判断、推理、证明或反驳等逻辑思维手段，对自然科学和专业技术领域里的某些现象或问题进行专题研究、分析和阐述，揭示出这些现象和问题的本质及其规律性。另外，从论文的内容这个角度来说，科技论文是创造性科学技术研究工作成果的科学论述，是某些理论性、实验性或观测性新知识的科学记录，是某些已知原理应用于实际中取得新进展、新成果的科学总结。

### 4.1.2 科技论文的分类

1. 按发挥作用分类

(1) 学术性论文：指研究人员提供给学术性期刊发表或向学术会议提交的论文，它以报道学术研究成果为主要内容。

(2) 技术性论文：指工程技术人员为报道工程技术研究成果而提交的论文，这种研究成果主要是应用已有的理论来解决设计、技术、工艺、设备、材料等具体技术问题而取得的。

(3) 学位论文：分学士论文、硕士论文和博士论文。

① 学士论文，指大学本科毕业生申请学士学位要提交的论文。工科大学生有的作毕业设计。论文或设计应反映出作者具有专门的知识和技能，具有从事科学技术研究或担负专门技术工作的初步能力。这种论文一般只涉及不太复杂的课题，论述的范围较窄，深度也较浅。

② 硕士论文，指硕士研究生申请硕士学位要提交的论文。它是在导师指导下完成的，但必须具有一定程度的创新性，强调作者的独立思考作用。通过答辩的硕士论文，应该说其核心内容达到了科技论文的发表水平。

③ 博士论文，指博士研究生申请博士学位要提交的论文。它可以是一篇论文，也可以是相互关联的若干篇论文的总和。博士论文应反映出作者具有坚实、广博的基础理论知识和系统、深入的专门知识，具有独立从事科学技术研究工作的能力，应反映出该学科技术领域最前沿的独创性成果。因此，

博士论文被视为重要的科技文献。

2. 按研究方式和论述的内容分类

(1) 实（试）验研究报告型论文：不同于一般的实（试）验报告，该类型论文的重点为“研究”。要求：可靠的理论依据，先进的实（试）验设计方案，先进、适用的测试手段，合理、准确的数据处理及科学、严密的分析与论证。

(2) 理论推导型论文：对提出的新假说通过推导和逻辑推理得到新理论（定理、定律和法则）。要求：推导科学、准确，逻辑推理严密，准确使用定义和概念，结论可信。

(3) 理论分析型论文：对新的设想、原理、模型、机构、材料、工艺、样品等进行理论分析，对过去的理论分析加以完善、补充或修正。要求：论证分析要严谨，数学运算要正确，资料数据要可靠，结论除了要准确之外，一般还须经实（试）验验证。

(4) 设计型论文：研究对象是新工程、新产品的设计，研究方法是对新的设计文件最佳方案或是实物进行全面论证，从而得出某种结论或引出某些规律。要求：要“新”，数学模型的建立和参数的选择要合理，编制的程序要能正常运行，计算结果准确；设计的产品或调、配制的物质要经试验证实。

(5) 综合论述性论文（综述）：一种是在作者博览群书的基础上，综合介绍、分析、评述该学科（专业）领域里国内外的研究新成果、发展新趋势，并表明作者自己的观点，做出发展的科学预测（应用前景），提出比较中肯的建设性意见和建议；另一种以汇集文献资料为主，辅以注释，客观而较少评述。

### 4.1.3 科技论文的特点

1. 科学性

科学性又称真理性，是保证学术论文质量的最基本的要求。科学性的内涵通常可分解为真实性、准确性、可重复性、可比性和逻辑性。

(1) 真实性

论文必须内容真实，资料可靠。要求作者具有严谨的治学作风和实事求是的科学态度，做到科研设计缜密，努力避免技术性失误，并且客观地记述科研数据，尊重事实，不凭主观臆断和个人好恶随意取舍客观数据或歪曲结论。

(2) 准确性

论文的数据、引用的资料应准确无误，其结论和评价应恰如其分地反映客观事物及其运动规律。要求作者仔细观察实验过程，并对实验数据进行精确记录。写作时要选择最恰当的词语，仔细推敲相近词在表述上的细微差别，力争把写入的内容准确地表述出来。

(3) 可重复性

读者如采用论文介绍的技术和方法，在相同的条件下，应获得与论文相同的结果和结论。只有在研究中真正揭示了研究对象的内部联系，并掌握了该对象的变化规律，才能保证论文结果和结论的可重复性。这就要求作者的科研设计必须合理，写作时要详细介绍必要的、关键的内容，尤其是自己创新或改进的技术和方法，以便读者可重复出同样的结果。有了可重复性的成果，才有推广和应用价值，也才有确定的经济价值和社会价值。

(4) 可比性

论文的结果可与其他相同或相近的已报道的论文的结果进行比较，以确定其是否具有先进性。这就需要设立对比观察，并用统计学的方法处理观察结果。没有可比性的论文，其可信程度会大大降低。

(5) 逻辑性

论文要求必须脉络清晰，结构严谨，论证的展开应符合思维的客观规律。这就要求作者在选题、提出假设、搜集素材、推断结论以及论文写作的全过程中，都必须严格遵守逻辑学的基本规律，不能出现违背逻辑学原理和规律的错误。

2. 创新性

创新性是科技论文的灵魂。要求作者论述的主题是本学科前人未曾研究，或虽有人研究但仍值得深入探讨的问题。如：阐述了某一新理论、新原理，提供了某些新内容，提出了某些新观点等。

文章所揭示的事物现象、属性、特点及事物运动时所遵循的规律，或者这些规律的运用必须是前所未见的、首创的或部分首创的，必须有所发现，有所发明，有所创造，有所前进，而不是对前人工作的复述、模仿或解释。

3. 学术性

科技论文侧重于对事物进行抽象地概括或论证，描述事物发展的内在本质和规律。因而表现出知识的专业性、内容的系统性。学术性，即论文具有从实践中概括出来的对某一事物的理性认识的特性，其标准可以概括为“新、深、实”三个字。所谓“新”，就是在论点或方法上具有创新性，或赋予某一论题以新意；“深”，指研究有一定的深度，能抓住问题的本质，对推动学科建设和发展有积极意义；“实”，指所用的材料具有权威性和时间的贴近性，证据是经过组织和加工的，不是事实的罗列。学术性是科技论文的本质特征，也是科技论文区别于其他论文的另一个重要标志。写作过程中要将实验、观测所得的结果，从理论高度进行分析，把感性认识上升到理性认识，进而找到有规律性的内容，得出科学的结论。论文是否有学术价值，是评价论文质量的公认标准。

4. 规范性

规范性是指对论文的语言文字和表述形式方面的质量要求，包括：

① 语言文字规范；

② 学科术语规范，尽量使用规范的专业词汇；

③ 计量单位规范；

④ 论文格式规范，严格按照国家标准构建论文的基本结构。

5. 可读性

科技论文必须按一定格式写作，才有良好的可读性。在文字表达上，要求语言准确、简明、通顺，条理清楚，层次分明，论述严谨。在技术表达方面，包括名词术语、数字、符号的使用，图表的设计，计量单位的使用，文献的著录等都应符合规范化要求。

6. 有效性

有效性指文章的发表方式。当今只有经过相关专业的同行专家的审阅，并在一定规格的学术评议会上答辩通过、存档归案，或在正式的科技刊物上发表的科技论文才被承认为是完备和有效的。不管科技论文采用何种文字发表，它表明科技论文所揭示的事实及其真谛已能方便地为他人所应用，成为人类知识宝库中的一个组成部分。

## 4.2 科技论文的结构

通常一篇科技论文包含前置部分、主体部分和附录部分。前置部分包括题目、署名、摘要、关键词；主体部分包括引言、正文、结论部分、致谢部分和参考文献。特色鲜明是对论文题名和摘要的要求；引言当形式简洁、立意高远；正文须材料翔实、论述深入；而文章的结论、参考文献等需善加归纳、规范整理。

### 4.2.1 前置部分

（1）题目的确定

题目是对论文核心最恰当简明的概括，要清晰地反映论文的具体内容和特色，明确地指出研究工作的独到之处。题目最好要“小题大做”，即从小的切入点切入，进行深入的研究。中文题目长度一般在20字内，英文题目长度一般在10个实词内。

例：

微塑料在表层土壤中的迁移及其影响因素研究

基于能流平衡和动力学模型的食物网稳定性研究

蚯蚓在煤矿区多样性分布及对复垦土壤的修复功能研究

闽南地区红壤与水稻土外源硫对土壤动物镉胁迫的影响

典型养鸡场及周边土壤中抗生素耐药基因的污染特征及风险评估

（2）署名的标注

署名中的人物应当是对论文做出主要贡献并能对文章内容负责的人。署名不仅是对于论文著作权的声明，也是对论文内容负责的表现，同时也便于他人联系到论文作者。首先，署名时应采用真实姓名，不用笔名；其次，多位作者共同署名时，应按贡献大小进行排名，同时还应标明作者的工作单位、工作单位所在地以及邮政编码；最后，论文的通讯作者需要用“*”注明。

注：仅参加部分工作、又对全面工作缺乏了解者，不应署名，但可在致谢中列出以表明其贡献。

（3）摘要的写作

摘要是对论文的内容不加注释和评论的简短陈述，主要由研究目的、研究方法、研究结果以及最终结论等方面组成，以便于信息检索。一般来说，中文摘要在200～300字。

摘要有两种基本写法：① 报道性摘要，指明文献的主题范围及内容梗概的简明摘要（也称简介）；② 指示性摘要，指示文献的陈述主题及取得的成果性质和水平的简明摘要。介乎其间的是报道/指示性摘要，以报道性摘要形式表述文献中信息价值较高的部分，而以指示性摘要形式表述其余部分。摘要应简明，它的详简程度取决于文献的内容。《文摘编写规则》（GB 6447—86）规定：报道性文摘和报道/指示性文摘一般以400字左右为宜；指示性文摘一般以200字左右为宜。《学术论文编写规则》（GB/T 7713.2—2022）规定：中文摘要的字数，原则上应与论文中的成果多少相适应，在一般情况下，报道性摘要以 400 字左右、报道/指示性摘要以 300 字左右、指示性摘要以 150 字左右为宜。中文摘要、外文摘要内容宜相应，为利于国际交流，外文摘要可以比中文摘要包含更多信息。学位论文等文献具有某种特殊性，为了评审，可写成变异式的摘要，不受字数的限制。摘要的编写应该客观、真实，切忌掺杂进编写者的主观见解、解释和评论。

撰写摘要的注意事项：

① 排除在本学科领域方面已经成为常识的内容；

② 不得简单地重复文章篇名中已经表述过的信息；

③ 要求结构严谨，语义确切，表述简明，一气呵成，一般不分或力求少分段落；忌发空洞的评语，不做模棱两可的结论，没有得出结论的文章，可在摘要中作扼要的讨论；

④ 要用第三人称，不要使用“作者”“我们”等作为摘要陈述的主语；

⑤ 要采用规范化的名词术语，尚未规范化的，以采用文献所采用的为原则，如新术语尚无合适的中文术语译名，可使用原文或译名后加括号注明原文；

⑥ 不要使用图、表或化学结构式，以及非本专业的读者尚难于清楚理解的缩略语、简称、代号，如果确有必要，在摘要首次出现时必须加以说明；

⑦ 不得使用文献中列出的章节号、图号、表号、公式号以及参考文献等；

⑧ 应该使用法定计量单位以及正确地书写规范字和标点符号，摘要的书写要求详见《文摘编写规则》(GB 6447—86)。

例：

摘要 1：基于对河流微生物生态学研究中的微生物群落结构构建机理、生态功能机制、环境交互作用三个关键科学问题的分析，探讨了河流微生物群落时空分布格局、生态构建理论、环境响应机制、物质循环交互作用、食物网结构功能等基础前沿理论研究，总结了基于微生物群落的河流生态健康指示、评价、诊断体系构建，基于微生物湘源技术的污染物迁移轨迹追踪和基于微生物群落重构的生态修复等应用发展现状，展望了河流微生物生态学研究的发展趋势，即方法革新化、尺度宏观化、维度全面化和成果技术化[1]。

摘要 2：潜流带是流域生态修复的关键区域之一，潜流带修复的根本目标是恢复水系间的能量流通、物质传递和信息流动，即恢复潜流带的连通性。对于潜流带连通性恢复而言，应统筹考虑水文连通性、生态连通性和功能连通性等多层次的内容。潜流带生态修复相关研究主要基于流体动力学、地质学和生态学等基础理论，剖析潜流驱动的生物地球化学耦合机制，研发可促进潜流交换和恢复生物多样性的生态修复技术，实现潜流带水文条件的改善与生物物种的恢复，进而达到潜流带生态系统结构和功能综合性修复的目的。本文从潜流带水文连通性、生态连通性和功能连通性等多层次出发，从潜流带流体动力学性能、介质性能、生物群落组成、食物网结构及环境生态功能等方面，综述基于生态修复目标的潜流带连通性恢复理论与技术进展以实现潜流带生态系统整体稳定性的提升。在未来潜流带生态修复理论与应用研究中，需发挥多学科交叉的优势，耦合多组学方法对潜流带生态过程进行微观探索，系统探究时间和空间尺度上潜流带生态修复过程的演替规律，进一步构建多因素作用下的潜流带生态修复框架体系[2]。

参考文献：

[1] 李轶，雷梦婷，杨楠，等. 河流微生物生态学的研究进展 [J]. 水资源保护，2022，38(01)：190-197.

[2] 王龙飞，王子怡，李轶. 基于连通性恢复的潜流带生态修复研究进展 [J]. 水科学进展，2022，33(06)：1009-1020.

（4）关键词的提炼

关键词是从论文中提炼出来的，最能反映论文的主要内容，一般在论文的题目及摘要中都会出现，可为编制主题索引和检索系统使用。《期刊编排格式》（GB/T 3179—2009）规定：现代科技期刊都应在学术论文的摘要后面给出 3～8 个关键词。

例：

关键词：抗生素；水体；生态风险；微生物群落；氮转化过程[1]；

参考文献：

[1] 张焕军，王席席，李轶. 水体中抗生素污染现状及其对氮转化过程的影响研究进展 [J]. 环境化学，2022，41(04)：1168-1181.

### 4.2.2 主体部分

（1）引言部分

引言要阐释做研究的来龙去脉及文章要点，大致包括研究背景、相关研究进展，由前人研究存在问题引出本文涉及的科学问题或假设、主要研究内容、创新之处，最终讨论本次研究的价值和意义。

引言应介绍论文总纲，起到定向引导的作用。引言的组成如下：

第一段：小绪（题目是什么，我为什么要做?）。

第二段：文献评述（围绕本课题评述别人的工作，提出自己的工作。）。

第三段：自己要研究的内容，预期达到的成果。

（2）正文部分

在一篇论文的正文部分应完成对主题的论述，包括论点、论据和论证。也就是说，要采用相关理论或实验方法进行说明，通过理论推导或实验数据得出结果并对其进行解释和讨论。

在正文部分，对实验结果的讨论往往是该部分的重点。在讨论过程中，首先要注意采用图表来解释问题，图表往往比文字的噪音更少，传递出的信息更加准确、清晰；其次不仅要注意图表的直观，也要注重图表的美观；再次不要仅仅去描述图表，更要去解释它们。

（3）结论部分

在一篇论文的结论中要对正文得出的结果进行总结、归纳并适当地引申。引申中的内容主要包括本篇论文的适用范围、不完善之处以及对未来研究的建议等。在结论中，应回答原有假设是否成立，对论文中提出的问题进行解答。在结论中，作者应观点鲜明，采用肯定的证据和可靠的数据进行写作，不能使用“可能”“大概”等模棱两可的词汇。原则上不要简单机械地复制摘要和引言的内容，而应当各有侧重。

摘要、引言和结论对比：

摘要：粗略描述结果中的最关键点；引言：提出科学问题或假设和研究内容，不必太具体；结论：全面而具体地进行归纳，必须有引申。

结论不应是正文中各段小结的简单重复，主要回答“研究出什么（What）”。它应该以正文中的试验或考察中得到的现象、数据和阐述分析作为依据，由此完整、准确、简洁地指出：

① 对研究对象进行考察或实验得到的结果所揭示的原理及其普遍性；

② 研究中有无发现例外或本论文尚难以解释和解决的问题；

③ 与先前已经发表过的（包括他人或著者自己）研究工作的异同；

④ 本论文在理论上与实用上的意义与价值；

⑤ 对进一步深入研究本课题的建议。

（4）致谢部分

致谢一般单独成段，放在结论的后面，参考文献之前，但它不是论文的必要组成部分。它是对曾经给予论文的选题、构思或撰写以指导或建议，对考察或实验过程中做出某种贡献的人员，或给予过技术、信息、物质或经费帮助的单位、团体或个人致以谢意。

（5）参考文献

参考文献指为撰写或编辑本篇论文而引用的相关图书或资料。参考文献应引用最必要、最新的公开发表的图书或资料，并采用标准化的引用格式，注意不同的期刊有不同的格式要求。

参考文献著录的条目以小于正文的字号编排在文末。其格式如下：

专著、论文集、学位论文、报告：［序号］主要责任者. 文献题名［文献类型标识］. 出版地：出版者，出版年：起止页码（文章对应）.

期刊论文：［序号］主要作者. 文献篇名［文献类型标识］. 杂志名，出版年，卷（期）：页码.

例：

［1］周振甫. 周易译注［M］. 北京：中华书局，1991.

［2］陈崧. 五四前后东西文化问题论战文选［C］. 北京：中国社会科学出版社，1985.

［3］陈桐生. 中国史官文化与《史记》［D］. 西安：陕西师范大学文学研究所，1992.

［4］李轶，胡童，王琳琼，等. 环丙沙星和铜复合污染下河流底质微生物群落与抗生素抗性基因的交互关系［J］. 河海大学学报（自然科学版），2022，50(06)：75-84.

［5］王钰涛，范晨阳，朱金鑫，等. 尾水排放对受纳水体底栖生物膜细菌群落和水溶性有机质的影响机制［J］. 环境科学，2021，42(12)：5826-5835.

［6］张弛，周心怡，李轶. 光催化耦合微生物处理难降解污水的研究现状及应用前景［J］. 水处理技术，2022，48(09)：10-15.

### 4.2.3　附录部分

附录是论文的附件，不是必要组成部分。它在不增加文献正文部分的篇幅和不影响正文主体内容叙述连贯性的前提下，向读者提供论文中部分内容的详尽推导、演算、证明、仪器、装备或说明等，以及提供有关数据、曲线、照片或其他辅助资料如计算机的框图和程序软件等。

## 4.3 科技论文的发表

### 4.3.1 科技论文发表的前提

(1) 研究成果是否有充足的理由需要被发表?

断定一篇论文创新程度的高低，可以通过一些标准来评判，即使用排除的方法完成创新性评价。国内外绝大多数科技期刊的编辑和审稿人正是按照这样的标准来对稿件的创新性进行评价的。一旦作者忽视了这些标准，就可能导致稿件难以被刊用。常见的评价标准包括:

① 成果是否已经发表在其他地方? 如果是，那就不需要再发表，否则为重复发表。不管是同一个作者，还是不同的作者，只要稿件的主要内容相同或相似，都不需要再次发表。

② 成果是否具有足够的科学价值? 新成果是否在之前成果的基础上进行了很大的推进? 有些成果尽管还没有被发表过，看上去是新的，但是其结果过于明显或者显而易见，即只要是有一定专业常识和经验的人就能简单地得到该结论，这种成果应归属于基本常识性的结果，没有足够的科学价值，也就没有发表的意义。

③ 成果是否仅仅是寻找问题的一个简单方法? 如果是这样，若没有运用此方法的充足理由，读者就不会对此感兴趣，也就没有必要发表。

④ 成果是否运用另一种方式解决已被解决问题? 如果是这样，若要被发表，论文就必须提炼出这种方法的明显价值，且相比于现有的方法，新方法具有使读者感兴趣的显著优越性，否则，就不能体现这种方法的价值。

⑤ 成果是否仅仅将一个领域的技术简单地应用到另一个领域? 虽然将一个领域的成果扩展应用到另一领域是科技进步的一种有效方式，但若仅是从一个领域简单地应用到另一个领域，那么也仅仅是扩展了已有成果的应用范围，或者说增加了一个应用实例，并没有真正地发展科学技术，那么，这类成果就不能保证被发表。若要使此类成果获得关注，可以通过其他方式，如时事通讯或者会议。

还有一类稿件是评论性文章，主旨是指出或修正某篇已发表论文存在的错误。这类稿件若要被发表，必须具备下述特征: 一是能充分证明该错误会导致成果的不正确使用，影响进一步的研究; 二是已经完成了扩展研究，且研究成果有价值。在满足这两个特征的基础上，扩展研究成果还应该满足前述的 5 条评价标准，否则，仅仅是简单修改错误的稿件不具有发表的充足理由。

（2）论文是写给谁看的？

写论文的目的是要给别人看，即要有读者，通过阅读实现交流，使自己的成果得到社会的认可。科技论文的读者可能是科研人员、应用工程师和在校研究生，他们会根据自己的工作需要与知识层次，在自己从事的专业领域和相关学科领域选择感兴趣的内容阅读，这种选择性阅读需求使读者具有层次性，同一个层次和相近需求的读者构成读者群。

科技期刊为了充分发挥促进科学技术进步的作用，也是按照读者层次与需求定位的，表现为每一种期刊都有自己服务的专业领域和对象。因此，论文作者需要明确自己为什么样的读者群写作，才能选择适合论文发表的期刊。

（3）论文提交到哪里最合适？

科技期刊的最高宗旨是发表领域内重要的、有用的成果，只有这样的期刊才会有读者，因此，期刊编辑需要确定作者提交的论文是否符合要求，作者也必须认真选择合适的期刊来发表，否则，论文可能会立刻被拒绝发表，或者面临长时间的必然失败的审核过程。

作者将论文提交到最合适的期刊，也就是使自己的成果性质与期刊要求相符，属于一个技术性行为，需要完成以下判断与决策工作：

① 确定成果的属性，选择最可能感兴趣的读者群。

科研成果是有属性的。首先是学科与方向属性，任何一项研究成果都可以分属于一个学科领域或多个学科的交叉领域，并属于该领域的一个研究方向；其次是功能属性，即科研成果是理论研究成果还是应用技术成果，根据成果的功能属性，科技论文分为学术性论文和应用技术性论文。一般来说，学术性论文对理论研究的科学性、严谨性和前瞻性要求较高，能对某一领域的科学发展有价值；应用技术性论文对使用理论解决实际问题的方法、手段和效果要求较高，能对理论应用、技术推广和科学技术的生产力转化有价值。正是上述特点，使学术性论文与应用技术性论文的写作方式与要求不尽相同。

读者也是有属性的，其所从事的专业领域与专业方向对应为学科与方向属性，其工作重点是以理论研究为主还是以应用技术研究为主对应为功能属性。根据功能属性，读者划分为不同的层次，不同层次的读者对不同属性新成果的学习与阅读兴趣不尽相同。一般来说，以理论研究为主的读者对学术性论文感兴趣，可能兼顾应用技术性论文；而以应用技术研究为主的读者可能对应用技术性论文更感兴趣。因此，作者首先要确定自己的成果属性，选择最可能感兴趣的读者群使成果得到有效的传播与交流。

② 根据成果的属性，选择最合适的期刊。

一种科技期刊服务于某一学科领域，或者某一学科的特定方向，甚至规定了发表成果的具体属性，拥有特定的读者群体。因此，根据发表成果和读者群体的属性，科技期刊的类型可分为学术型、应用型和学术应用综合型3种。符合期刊规定领域和属性的成果是该期刊发表的主要内容。因此，与成果领域和属性相同的期刊不失为论文提交的最佳选择，必然具有相对较高的命中率。

有些成果并不只属于单一学科领域，而是多学科的共性成果或交叉成果，但是，论文不可能在每个学科领域的有关期刊上发表，因此，寻找最适合提交论文的期刊至关重要。这时，不要追求读者数量的最大化，而是要考虑那些最可能从自己的工作成果中获益的读者，以此为目标选择期刊才最能体现自己工作的价值，获得最大的影响力和最好的交流效果。

总之，作者在写作之前就应该考虑上述问题，为那些最能从自己工作成果中获益的读者和期刊写文章，投稿期刊应该在自己研究领域具有引领作用。

(4) 如何写好论文？

一篇科技论文能够及时地在相关期刊上发表，既要具备充足的发表理由和研究内容，还要写得好，这也是高效发表科技论文的重要条件。论文不能仅仅报告研究成果，更不能期望读者通过自己的详细分析来确定文章的价值所在，而是要写出一篇“清晰、正确、简明、完整、说服力和逻辑性强”，能充分展现价值的文章。

“清晰、正确、简明、完整、说服力和逻辑性强”是高水平科技论文的5条基本写作标准，适用于论文中的所有内容，包括题目、摘要、引言、理论推导、试验方法、结果分析、结论和参考文献及其标注，也适用于数学公式、插图和表格。

另外，在科技论文的写作中，还应注意以下几条写作规则：

① 在意思足够明确的条件下，尽量写简单的句子；

② 尽量避免不必要的华丽辞藻和术语；

③ 必须使用专业术语和标准计量单位与名称；

④ 运用第一人称和主动时态，使读者能知道自己在做什么。

(5) 何时写论文？

知识产权和期刊发表论文都有第一时间，即首发的规定。写论文的时机把握不当，将错过成果发表的第一时间。因此，一旦研究取得了有价值的阶段性成果，就应当整理提炼，写成论文，及时向最合适的期刊投稿，争取首发权。

### 4.3.2　科技论文发表的过程

科技论文录用与否，取决于科技论文的学术水平和内在质量。正确掌握论文写作的基本要求及规范，注意选择对口的专业期刊投稿，遵循所投刊物的格式要求，可避免因投稿后反复退修而耽误论文发表的时间，又能降低稿件在初审阶段就被退稿的可能性。为此，本部分将介绍科技论文投稿应考虑的因素和科技论文的发表过程，有助于作者密切配合编辑工作，正确对待审稿意见，并掌握编辑和审稿人员对稿件的要求，从而缩短审稿时间，提高作者投稿录用率。

#### 4.3.2.1　科技论文投稿时应考虑的因素

论文定稿后，面临如何选择投稿目标刊。选择原则是根据自己论文的水平，在争取发表的同时，获得最大的投稿价值。所谓投稿价值是指论文发表所产生的影响的总和。最高的投稿价值可概括为：论文能够以最快的速度发表在能发表的最高级刊物上，并能最大限度地被需要的读者检索或看到，能在最大的时空内交流和传递。这是投稿者追求的最高目标。投稿前应通过目标期刊的征稿启事或作者须知，以及浏览目标期刊近期已发表论文的目录和内容等，获得期刊的动态和变化情况，有利于准确选择投稿期刊。

（1）论文水平自我评估

投稿前，作者应对论文的写作水平和价值（理论价值与实用价值）做出客观、正确的评估，这是一个重要而困难的工作过程。评估的标准是论文的贡献或价值大小，以及写作水平的高低。评估的重点在于论文是否有新观点、新材料和新方法。

论文理论价值的评估是对论文在构造新的科学理论、利用最新理论研究过程和结果的评估，视其是否在理论研究上开辟了新领域、有突破或创见。具有国际先进理论水平的论文标准是提出了新学说、新理论、新发现、新规律，对国际前沿科研课题作出重要补充或发展，对科学发展具有普遍意义。具有高或较高理论水平的论文标准是涉及或采用最新科学理论，有独立的科学推论，构造出新的术语或概念，或运用新的研究方法。一般先进理论水平的论文标准是在前人的基础上提出新看法、增添新内容、找到新论证方法，其观点、方法虽不足创见，但解决了前人未能解决的问题。

论文实用价值的评估是对论文在社会效益、经济效益、技术效益等方面的评估。其中，重大的经济效益是指对国民经济发展、生产建设产生重大作用，可以全面推广，经济效益显著。重大的技术效益是指在应用技术上有创新或发明，促进了生产力的快速发展，显著提高了产品质量、劳动生产力或安全可靠性，降低了成本，延长了使用寿命，对国家当前的生产技术可发挥重大作用等。

(2) 期刊刊登的范围、读者对象

不同的科技期刊有不同的宗旨和不同的论文收录报道范围，它决定了投稿论文的主题内容和范围。科技期刊的收录范围和期刊的类型及级别基本决定了该刊的读者对象，也基本决定了稿件的写作风格与详简程度。

(3) 期刊的学术地位、影响和期刊等级

科技期刊的学术地位和学术影响表现在期刊所收录论文的水平、主编、编辑单位、在专业人员心中的地位等方面。从图书情报界的角度看，期刊的学术地位和学术影响则表现在期刊的影响因子的大小、是否被国内外检索工具收录、是否为学科核心期刊等方面。期刊的学术地位和学术影响与所称的期刊“级别”有着密切的关系。

(4) 出版周期

出版周期是指某刊的出版频率，一般分为年刊、半年刊、季刊、双月刊、月刊、半月刊、周刊和不定期刊。

(5) 出版论文容量

期刊的论文容量是指某刊一年或一期能发表多少篇论文。例如，某半月刊每期容量为 10 篇，则年容量为 240 篇。一般来说，应尽量选择出版周期短、容量大的期刊投稿。

(6) 对作者是否有资格要求

有的科技期刊对作者有资格要求。例如：要求作者具有某国国籍、属某地区、某研究机构、某协会会员等资格。作者应从作者须知等处了解某刊对作者是否有资格要求。

(7) 当前组稿倾向与论文时效性

科技期刊有年度出版计划、主题选择、专题出版和在一段时间倾向某些内容的情况。要掌握目标期刊的这些情况，可向期刊出版社索取年度计划，或查阅该刊的近期目录和内容。对具有倾向性和时效性较强的论文，应尽量投向出版周期短的半月刊、月刊。

4.3.2.2 科技论文发表的过程

1. 审稿

审稿是科技论文发表必须经历的过程，这是由科技论文的特点决定的，科技论文是只有经同行评价后才被接受的原始科学出版物。审稿即接受同行评价，主要评价论文在创新性和科学性方面是否具有发表价值。不同国家、不同出版物的审稿制度不同，但我国的学术期刊通常采用“三审一定”的审稿制度，即编辑初审、专家评审、终审和审定。

(1) 编辑初审是指编辑人员对分管专业或学科的论文稿件进行初步审查和评价，以决定是退稿、退修，还是送专家评审。作者应注意的是，多数编辑不会将不经仔细准备的稿件送交人数有限的审稿人，以免浪费他们的时间。稿件初审的要点和过程如下：

① 审定稿件是否属于本刊刊登的范围；

② 审定稿件本身的形式是否符合本刊的出版形式，是否完整，例如是否有缺页、少图等；

③ 浏览全文，初步判定稿件是否属于科技论文的范畴；

④ 对比分析，初步确定稿件是否具有一定的创新性；

⑤ 阅读摘要、引言和结论，大致了解文稿是否有发表价值；

⑥ 推敲正文部分的科学性和逻辑性，初步辨别所述成果是否真实可靠；

⑦ 通读全文，找出表达上较大的纰漏或指出论文主要组成部分的遗漏。

(2) 专家评审是经编辑初审后初步认为可能有发表价值的稿件送同行专家审稿的过程（又称送审）。被期刊选中的专家评审人（又称审稿人）大多是本领域科研前沿的专家、知名学者，一般来说，期刊影响力越大，审稿人的学术水平就越高。专家审稿多采用“双盲制”，即“背靠背”进行，送审稿件由 2 名及以上审稿人同时审稿，作者不知审稿人是谁，一名审稿人不知另一名审稿人是谁。期刊社对审稿人的要求体现在“审稿书”中。

(3) 终审又称决审，一般由主编、副主编或有关学科编委承担，根据编辑初审意见、专家审稿书等决定稿件是否录用。

(4) 审定是稿件通过三审后，编辑部门编制发排计划，呈报编委会（常务编委或主编）最后审定稿件是否录用。

2. 审稿书

审稿书是期刊编辑部制定的稿件审定表格，体现了期刊对科技论文在形式和内容上的具体要求。专家审稿人依据审稿书的要求审定稿件。作者了解审稿书有助于写好、准备好稿件。

3. 用稿与退稿因素

决定科技期刊论文采用、退修或退稿的因素较多，具体包括：①论文的学术水平。即，新颖性、创造性、理论性等，学术水平取决于作者的选题、研究深度、信息掌握情况等方面。②写作水平与写作经验。体现在对科技论文的理解、论文各要素的写作，及文句、思路与结构、逻辑性等方面。③写作态度。

## 4.4 案例分析

以下列举几类常见论文类型的结构组成（表 4.1）：

**表 4.1　常见论文类型的结构组成**

| 论文结构 | 论文类型 | | | |
|---|---|---|---|---|
| | 实（试）验研究型 | 理论推导型 | 设计型 | 综述型 |
| Abstract | √ | √ | √ | √ |
| Introduction | √ | √ | √ | √ |
| Literature Review | — | √ | √ | √ |
| Theoretical Framework | — | √ | √ | — |
| Experimental | √ | — | — | — |
| Materials | √ | — | — | — |
| Methods | √ | √ | √ | — |
| Results | √ | √ | √ | — |
| Discussions | √ | √ | √ | √ |
| Conclusions | √ | √ | √ | √ |
| Perspective | — | — | — | √ |
| Acknowledgments | √ | √ | √ | √ |
| References | √ | √ | √ | √ |

具体的论文结构可能因期刊要求或学科领域不同而有所差异。在写作论文时，一定要参考目标期刊的投稿规定和相关领域的惯例，以确保论文结构和内容符合要求。

## 参考资料：

[1] 钟细军，殷景霞．高效发表科技论文的写作方法与技巧［J］. 科技与出版，2014(02)：56-59.

[2] 李铁，雷梦婷，杨楠，等．河流微生物生态学的研究进展［J］. 水资源保护，2022，38(01)：190-197.

[3] 王龙飞，王子怡，李铁．基于连通性恢复的潜流带生态修复研究进展［J］. 水科学进展，2022，33 (06)：1009-1020.

[4] 张焕军，王席席，李铁．水体中抗生素污染现状及其对氮转化过程的影响研究进展［J］. 环境化学，2022，41 (04)：1168-1181.

[5] 蒙薇．论科技论文如何高质量、快速发表［J］. 企业科技与发展，2016(04)：152-155.

[6] 贺明健．煤气与热力杂志：科技论文常见类型与文章结构［EB/OL］.（2017-11-10）. https：//mp. weixin. qq. com/s/mBiJiYKLyUgSDtzKH4iimw.

[7] 郑州大学学报工学版．你必须知道的科技论文结构［EB/OL］.（2020-12-28）. https：//mp. weixin. qq. com/s/wpebFiYGLkrYJfnHQUr08w.

# 第五章

# 论文标题、作者、摘要与关键词的写作

# 5.1 标题的写作要点

## 5.1.1 标题的作用

标题是对论文内容的高度浓缩和概括总结，能够揭示主题，总结文章思想。标题的作用主要体现在以下两方面：

（1）标题是文献标引和检索资料的重要依据。读者在阅读文献前，首先需要对文献进行检索，标题是文献检索的重要依据。标题还是关键词的重要来源，在用关键词查找文献时起重要作用。因此，好的标题有助于文献标引和检索资料，并确定关键词，以保证读者在查找资料时快速、准确且不遗漏文献。

（2）标题可以帮助读者筛选文献。读者拿到文献时，一般不会全部阅读，而是根据论文标题确定自己感兴趣的内容，从而决定精读哪些论文。因此，好的标题能够吸引读者的注意力，使读者有读下去的动力，增加论文被引用的机会。

另外，审稿时，审稿人一般先审查论文标题，好的标题能吸引审稿人的眼球，给审稿人提供重要信息，使审稿人对论文有兴趣，增加论文发表机会。

## 5.1.2 标题的写作要点

### 5.1.2.1 标题写作的基本要求

1. 中文科技论文

（1）要准确得体。标题应能准确地表达论文的主题，恰如其分地反映研究的范围和达到的深度，不能使用笼统的、泛指性很强的词语。即标题应该准确反映出文章的核心内容，这是写作文章标题最基本的要求。此外，标题还应当体现出文章内容所研究的专业范围、研究对象和研究方法。一般来说，文章的标题是由研究内容决定的。但事实上，有些题目容易“大题小作”，本来研究的是一个点，却在标题中体现了点所在线的内容，甚至是面的内容，使标题所表达的内容范围过于宽泛，不能够正确地反映出文章所研究的实际内容。这样的标题一般只能体现出论文的专业范围，而未反映出文章的具体内容，无法起到标题应有的作用。

（2）要简短精练。文章的标题应简明扼要和短小精炼，使读者能够印象鲜明、一目了然。《学术论文编写规则》（GB/T 7713.2—2022）中规定：“为便于交流和利用，题名应简明，一般不宜超过 25 字。”在保证准确反映最主要的特定内容的前提下，标题的字数应该越少越好。

因此，拟定标题时，必须要注意以下几点：①纳入标题的必须是文章的主体内容；②语句必须精练，仅保留体现文章特点的短语、代表文章核心内容的词语及必要的语法词，去掉那些不反映实质内容的词语；③文字结构要紧凑。

（3）结构要合理。大多数科技论文的标题都采用偏正结构，所谓偏正结构就是只有修饰成分和被修饰的中心词。首先，这种结构成分简单，而且比较紧凑，阅读便利；其次，修饰成分和被修饰成分都可鲜明地表达文章的主题；再者，可以把多个说明部分重叠成一个修饰成分共同修饰中心词，便于利用汉语的特点，使标题更加简明扼要。

在写作中尤其要避免“的”字的多用和漏用。语法规则要求，科技论文中偏正词组、联合词组、动宾词组、主谓词组、介词词组等做定语时，中心语之前需要用“的”；然而，修辞规则中又要求，多项定语中的“的”字不宜多用。在论文撰写和编辑过程中，标题中某处需不需要用“的”字普遍采用的原则如下：用了“的”字修辞效果反而不好，不用“的”字标题也比较通顺的，就不用“的”，除非不用“的”字标题便不通顺，那样才应当用“的”。

（4）要便于检索。网络在科研工作中的作用越来越大，已经成为科研人员不可或缺的学术工具，因此科技论文也应该符合网络检索的要求。标题的确定及所用词语的选择必须有助于选定的关键词和编制题录、索引等生成二次文献，为网络数据库检索提供必要的信息。所以，题名中反映文章内容的关键词越多越好。

科技论文的标题还应注意认读性，即题名中应当避免使用非共知共用的缩略词、首字母缩写字、字符、代号等。这个问题在专业性比较强的科技论文中显得尤为重要，很多行业的习惯用语和缩略词等都不符合国家标准的规定，尤其是一些已经被国家标准废弃的用法，这些缩略词和习惯用语对科技论文的交流有很大影响。此外，由于科技论文本身的特点和性质，在拟定标题时还要注意选词问题、语言详略问题、语序问题等，同时还要与时俱进，符合命题标准的发展变化。

（5）要准确严谨。尽可能以结果或结论为标题。研究表明，以“方法”为标题的论文引用率可能更低，除非论文的目的纯粹是给出一个方法。相反，以得到的结果或结论为标题的论文可能更吸引读者。另外，不要使用太长的标题。有研究指出，标题较长的文章下载量略低于标题较短的文章，使用更短的描述结果的标题的论文，引用率更高。

2. SCI 论文

(1) 用最少的文字充分表述论文的中心内容。

(2) 标题中的词序取决于文章内容的侧重点，重要的词放在开始的位置。

(3) 标题可以是短语或陈述句，特别注意介词（of、for、with）、代词、分词短语（using）、不定式的用法，一定要准确无误，避免产生歧义。

(4) 标题为句子时，动词时态用一般现在时。

(5) 对于用以验证假说的求证性论文（hypothesis-testing papers），标题一般包括自变量、因变量、变量之间的关系以及研究对象（动物种类或试验人群及材料）。例如常见的写作格式：Effect of X on Y in Z。

(6) 标题第一个名词前的 the 一般省略，但 a 或 an 不省略。

(7) 标题中避免堆砌一长串名词或名词词组（noun cluster）。

(8) 删除标题中没有意义的开头词，如 Studies on、Investigation of (on)、Observation on、Research on 等。

(9) 标题中不应出现缩写词（DNA、NMR、AIDS 等已被医学界公认的缩写词除外）、化学公式、行话、上下角标和特殊符号，以免影响文献检索。

(10) 论文标题的格式遵循投稿期刊的具体要求，例如主副标题、问句标题可否使用等。

(11) 标题大小写的问题：

标题中单词的大写通常有三种方式，一是全部字母大写，二是仅标题的第一个单词首字母大写，三是标题中实词的首字母大写。采用第三种体例的标题中，带有连字符的复合词的第一个单词首字母总是大写，而第二个单词，只有当它是名词或形容词或与第一个单词同等重要时，首字母才大写。若第一个词是前缀或构词成分（如 anti-、pre-），第二个单词的首字母一般不用大写。另外，用连字符连接的数字全部拼出时，第二个单词的首字母大写，如 Twenty-First-Century、Two-Thirds 等。

5.1.2.2 标题的写作方法

标题应该客观而准确地反映研究工作的主要内容，把握标题的“准、小、新”。准，指的是标题要准确，并用精练的文字将论文内容确切地揭示出来；小，指的是标题的角度小，角度小就具有较好的指向性，论文的思路随之明朗，容易写得集中、紧凑，若标题过宽，往往由于投入研究的精力少及专业知识不深而难以驾驭；新，指的是力求在标题中透露出新鲜的立意，选题新鲜才有阅读价值。学术论文标题的常用拟题方法有以下几种：

（1）关键词法。关键词最能直接反映论文的内容，文献检索系统多以题名中的关键词作为线索。如能恰当组合，关键词往往就是论文的标题。或者是标题确定后，用关键词检查对照，检验是否符合要求。如果标题未把作索引时可能用到的字（词）包含进去，甚至一个都没有，那么，这个标题是失败的。例如，标题《矿业城市生态补偿模式与机制研究》，就是由论文关键词“矿业城市”“生态补偿”“机制”组成的。关键词为标题写作提供了素材和依据。拟题总的原则是：从论文里提炼关键词。

（2）名词性词组法。名词性词组的功能相当于名词，论文标题常用“的字短语”的名词性词组，也有编辑称之为“界定法”，从标题中可以了解论文内容的范围和研究对象，可以使读者了解论文的中心。例如，《基于 PLUS 模型和 InVEST 模型的南京市生态系统碳储量时空变化与预测》《土壤中微塑料对陆生植物的毒性及其降解机制研究进展》，这样的标题明确了论文内容的范围和研究对象，因而标题内容具体、生动，用词确切、规范，读者一看标题就能了解论文的研究内容。

（3）立论式命题法。这种类型的标题揭示了论文的中心论点，或是提出了对某个问题的解决办法，反映了作者的研究成果，从标题可知作者的基本观点和见解。换言之，论文的基本论点或研究成果可用一句简短的词组概括时，就可用这个词组做为论文的标题，这就是“立论式”的标题。根据标题中所含“四大要素”的不同，立论式命题法又可以分成以下四种：

① 方法命题。指利用研究的方法进行命题。这种标题表达准确、直观明了，如《基于密度浮选和油提取的土壤微塑料分离方法研究》《基于电子顺磁共振波谱法的土壤环境持久性自由基的检测方法研究》等，都属于方法命题的范畴。

② 结论命题。指依据实践、实验或研究的结论进行命题，要求在命题时应表述严谨、结论可靠，如《机器学习在微塑料识别与环境风险评估中的应用研究进展》《铁氨氧化技术在废水脱氮中的应用研究进展》《生活污水配入高炉煤气洗涤水的可行性研究》等。

③ 对象命题。指根据研究或论述的对象进行命题。这种命题法突出了研究的内容，如《餐厨垃圾水热炭对全（多）氟烷基化合物吸附性能研究》《改性蓝藻生物炭促进微生物电合成系统产乙酸的机制研究》《聚硅酸铝铁-煤灰渣处理造纸废液的研究》《生物炭负载蒽醌-2-磺酸钠对厌氧消化的影响研究》等。

④ 观察研究命题。指以观察研究事件的方式方法进行命题，标题直接就能体现论文的方法或方式的创新点，如《对煤灰中三氧化硫测定的探讨与尝试》《高炉燃料中 $Al_2O_3$ 的含量分析及其控制》等。

（4）陈述性题名法。陈述性题名也有编辑称之为“信息性题名”。标题一般不应是陈述句，因为标题主要起标示作用，而陈述句容易使标题具有判断式的语义；况且陈述句不够精练和醒目，重点也不易突出。少数情况（评述性、综述性和驳斥性）下可以用疑问句做标题，因为疑问句可有探讨性语气，易引起读者兴趣，如《资源型城市经济增长目标如何影响碳排放效率》《环评如何守住生态环境底线》等。

（5）相关法。这种方法往往体现了论述事物之间或事理之间的相互关系，这种相互关系可以是辩证的或递进的，也可以是选择的或并列的。也就是说，可以是局部与整体、原因与结果，也可以是其他相互影响、相辅相成的两部分。这种方法拟定的标题中间用并列连词“与”“和”等连接起来，也有的不用连词而用空格或“·”等形式，如《密度泛函方法与 Hartree-Fock》。这种标题可以形成强烈的反差，更容易引起阅读兴趣，吸引读者阅读全文。

（6）阐述法。这种方法要求拟定的论文标题能准确、精练地表达论文作者特定的研究课题或研究对象，让本专业的同行对论文的主题一目了然。这种方法常用于应用研究和应用基础理论研究的报告型论文和综述性论文，如《两级生物接触氧化处理茅洲河黑臭水研究》。

（7）参考同类论文并仔细推敲。每位作者写论文前都会阅读大量参考文献，每篇文献都有完全不同的标题，作者可选择与自己研究内容相近的论文，分析每个标题表达了哪几个要点，好在什么地方，然后在借鉴他人优点的基础上，确定自己论文标题的阐述重点，并考虑加入体现自己研究创新点的词语。为了突出论文的核心内容，应尽可能地将表达核心内容的重要词语放在题名的开头，以便引起审稿者、读者的注意。论文初稿写完后，还要对标题反复进行推敲，看标题是否符合标题的确定原则，是否准确反映论文的内容，是否达到简练醒目、引人入胜的效果。

## 5.2 署名、单位与地址的写作规范

### 5.2.1 署名、单位与地址的作用

在期刊论文上署名即拥有著作权，并表示承担相应的义务，对论文负责。

《中华人民共和国著作权法》中规定："著作权属于作者。"著作权包括发表权、署名权、修改权、保护作品完整权、使用权和获得报酬权。未经著作权人授权，其他任何人不得占有、控制和使用其作品。一般期刊社会在"作者须知"有关条目中说明论文著作权的转让、归属等事项，作者向其投稿即表明接受期刊社的约定。论文一经发表，署名者应对论文负有政治上、科学上和道义上的责任。如果论文中存在剽窃、抄袭的内容，或者政治上、科学上和技术上存在错误，那么署名者就应完全负责，署名即表示作者愿意承担这些责任。

另外，署名和地址的编写是检索工具编制作者检索途径、单位检索途径的需要，是引用、引文统计的需要，是评价作者水平和学术地位、影响等的需要，是出版社及读者与作者联系的需要。

### 5.2.2 署名、单位与地址的写作规范

1. 作者排序和作者单位

(1) 作者署名表示对论文内容负责。署名者不可过多，必须是参加全部或者主要研究的工作者，对论文内容负责并能进行答辩者。作者排序按贡献大小，不能随意增删或改动。一般研究团队的主要负责人或通讯作者排在最后，而研究的具体承担者为第一作者。姓名之间用逗号","隔开。如有多名作者，在每一作者姓名右上角依次标出阿拉伯数字 1、2、3……，有些杂志要求写英文字母 a、b、c……注明。通讯作者一定要注明通讯地址、电话和 E-mail 等。

(2) 作者的工作单位名称应写全称，并含有邮政编码。一位作者的工作单位可以有两个或两个以上，因为许多作者身兼不同单位职位或近期改变单位。

2. 作者姓名及学位的正确拼写

(1) 姓名的正确拼写。英文期刊在发表论文时，作者的姓名一般用全称，这与参考文献中作者姓名的写法不同。国内作者向外文期刊投稿署名或有必要附注汉语拼音时，必须遵照国家规定，即姓在名前，名连成一词，不加连字符，不缩写。1982 年，ISO 通过《汉语拼音方案》作为拼写中国专有名词和词语的国际标准。中国人名属于专名，译成外文必须用汉语拼音拼写。中国人名译成外文时，姓氏和名字分写，姓和名开头字母大写，姓在前、名在后，省略调号。

有些英文期刊在发表论文时作者姓名亦采用缩写，应注意的是姓名是缩写名而不缩写姓，缩写姓名的书写形式都是姓在前、名在后，并省略所有缩写点。如 Neal D. Freedman 缩写为 Freedman ND；国外也有复姓，如 Sonia Ancoli-Israel 缩写为 Ancoli-Israel S；姓名中含有前缀 De，Des，Du，La，Dal，La，Von，Van，den，der 等，将前缀和姓作为一个整体，按字顺排列，词间空格和大小写字母不影响排列，例如 James A. de Lemos 缩写为 de Lemos JA。

（2）作者学位的正确拼写。有些期刊要求在作者署名后给出学位，一般用缩写的形式。常见的学位包括：PhD（理学/哲学博士）、MD（医学博士）、MSc（科学硕士）、SM（理科硕士）和 MBA（管理学硕士）等。如果一篇论文作者署名为 Kristine Yaffe，MD，则 Kristine Yaffe 是作者姓名，MD 表明该作者是医学博士。

3. 编排

作者署名置于题名下方，作者姓名应是真实姓名，科技论文中应尽量避免使用笔名。如果第一作者不是通讯作者，作者应按所投稿期刊的相关规定表达，并在投稿的同时告诉编辑部，期刊多以星号（*）、脚注的形式标注通讯作者或联系人。

作者单位是作者的重要信息之一，表明了作者的归属机构，一般加括号排于作者下方，内容和顺序为“大单位＋二级单位（如有）＋单位所在地＋邮政编码”。两个以上作者，且作者不在同一单位时，需要对应提供每个作者的所在单位。需要注意的是，如果论文出版时作者调到一个新的工作单位，新地址应以“Present address”（现地址）的形式在脚注中给出。现在有很多按论文数量及发表刊物类型、级别的机构排名，体现了各单位（大学、研究院所、企业等）的学术研究和创新能力，作者单位为其提供了必要的信息。

4. 注意事项

（1）论文作者署名应该用真实姓名。

（2）通常应该确定一名“通讯作者”，并提供联系方式（主要是电子邮箱），多置于页脚。

（3）作者单位应该用准确的全称，不能是简称。大学（大单位）通常具体到二级学院（小单位），一般的研究机构和企业不再具体到二级单位。

（4）署名作者不能再出现在“致谢”中。

（5）挂靠、隶属于独立机构的非独立法人单位（典型的如各级重点实验室、工程中心、创新中心等）一般不宜作为独立的署名单位，可以视作二级单位。

（6）注意英文作者与中文作者的顺序一致。有二级单位时，大单位与小单位之间不要用“of”结构，用逗号隔开即可。英文大单位不要用缩写，而要用全称。

（7）当有二级单位时，中文是大单位在前、小单位在后，而英文刚好相反。

（8）当联合署名作者属于不同机构时，机构应用阿拉伯数字编号，并标注在对应作者的右上角（上标），一个作者隶属于不同机构的，各机构编号依次标注，用逗号隔开。

（9）允许存在共同第一作者，这种情况比较少见。若有，需以适当的方式标注（如在页脚）。

## 5.3 摘要的类型、结构与写作要点

摘要是对论文的高度概括和总结，是对论文的内容没有加任何注释和评论的简短陈述，亦是全文之精华，现已成为科技论文的重要组成部分，其撰写的好坏直接影响到论文能否被投稿期刊录用。因此，撰写好摘要对于广大科技人员和科技期刊工作者都具有十分重要的意义。

### 5.3.1 摘要的类型

1. 描述型摘要

描述型摘要一般比较简短，大部分描述型摘要都由一些共同的重要部分组成，如，背景（Background）、目的（Purpose）、论文的主要问题（Particular interest/focus of paper）和内容概要（Overview of contents）。

由于描述型摘要不包括详细的结果信息，可能只是通过一个词组表达结果而没有数值和统计数据，因此需要获得全文才能了解具体信息，对于读者来说就不是很便利。描述型摘要告诉读者论文在讲什么，但是要知道结果怎样还需要进一步阅读论文细节。

2. 信息型摘要

从信息型摘要中读者能够获取论文的精髓部分。大部分的信息型摘要都包括一些共同的关键部分，每个部分约一两句，如背景（Background）、研究目的（Aim/Purpose of research）、使用方法（Method used）、结果发现

(Results/Findings) 以及结论 (Conclusion)。

信息型摘要提供研究的准确数据，尤其是结果部分，信息型摘要相当于一个小的科学论文，读者可以从中获取大部分有用的信息，甚至因此不必阅读全文。

以临床研究信息型摘要的结构和数据格式为例：用 400 字（包括标题）简单介绍方法（组成、干预、目的、结果、随机分组、空白对照）、结果（随机分组的样本量、用于分析的样本量、结果、重要的不利因素）、结论、实验注册名称和资金来源。

3. 结构化摘要

结构化摘要包括四个部分：目的（Purpose）、材料与方法（Materials and Methods）、结果（Results）和结论（Conclusions）。中英文结构化摘要基本相同。

(1) 目的：指出研究的范围、目的、重要性、任务和前提条件，不是主题的简单重复。

(2) 方法：简述课题的工作流程，研究了哪些主要内容，在这个过程中都做了哪些工作，包括对象、原理、条件、程序、方法等。

(3) 结果：陈述研究得出的重要新发现、新成果及价值，包括通过调研、实验、观察取得的数据和结果，并剖析其不理想的局限部分。

(4) 结论：通过课题的研究所得出的重要结论，包括从中得到证实的正确观点，比较预测其在实际生活中运用的意义，理论与实际相结合。

### 5.3.2　摘要的写作要点

1. 撰写摘要的目的

摘要主要是让读者在短时间内了解全文的整体情况，需用最精练的语言对全文加以概括，各科技期刊结合自身的实际，通常会在投稿须知中拟定本刊的中文摘要撰写规范，经归纳分析，其通常包括以下几点：

(1) 长度要求：不同期刊对于摘要长度的规定不同，通常为 200～400 字；学位论文的摘要长度一般不超过 1 000 字。

(2) 独立性和自明性：独立性指摘要可以以文摘形式单独发表，相对独立，全文可随后再发表；自明性指摘要写作上应当言简意赅，力戒空泛，创新的研究方法、结果中必要的资料和数据均需鲜明列出，最后有明确的结论，即摘要的四要素（目的、方法、结果、结论）应当清晰明了。

(3) 采用第三人称写，尽量不要引用参考文献或出现带有评论和解释的语句。

(4) 尽量避免与题名和引言重复，以精练的语言为读者提供丰富的信息以了解全文。

(5) 摘要中不能出现图、表、化学结构式、数学公式和非公知公用的专业术语。

(6) 规范用词，首次出现的英文缩写、代号等应用全称。

(7) 摘要中可增加背景凸显论文的创新性。

英文摘要除以上要求外，还有以下几点要求：

(1) 尽量用简短的句子。

(2) 时态上尽量避免使用某种单一时态，提倡时态多样化。

(3) 语态主要以被动语态为主，在主动语态能增加摘要生动性时可选用主动语态。

(4) 一般采用第三人称，在可避免语句结构繁琐、累赘从而更易于理解的情况下第一人称也可采用。

2. 如何组织摘要的内容

组织好摘要的内容是撰写好摘要的关键，组织摘要的内容可以分为如下三步。①定期刊：首先确定自己拟投的科技期刊，认真阅读其投稿须知和论文写作模板，理解其对摘要内容的写作要求和字数限制；②定体裁：除少部分科技期刊要求采用某一种特定类型的摘要外，大多数科技期刊均采取结构式摘要和非结构式摘要混用的方式，摘要写作的具体类型依据论文的体裁而定；③定类型：结合拟投期刊和论文的体裁确定摘要类型，这也是组织好摘要内容的关键。

摘要的写作类型确定之后，围绕论文的命题，根据论文的结构及各种类型摘要的写作要点进行反复构思，对文中资料进行比较、归纳，凝练出论文的核心要点，明确其构成要素。撰写摘要除了需边写边思考并且字斟句酌外，初步写好后还应反复通读和修改。

## 5.4 关键词的作用与选取

### 5.4.1 关键词的作用

关键词是指论文中最能反映主题信息的特征性词汇、词组或者短语，包括主题词和自由词。主题词是专门为文献的标引或检索而从自然语言的主要词汇中挑选出来并加以规范了的词或词组，而自由词则是未规范化的，即还未收入主题词表中的词或词组。“关键词”源于英文“keywords”，是一种新型的、比主题词范围更广的检索词汇。科技论文的关键词分为中文关键词和与之对应的英文关键词，分别置于中文摘要和英文摘要之下。

关键词搜索是目前网络搜索、索引制作的主要方法之一。关键词最重要的作用是通过 3～8 个简短的词汇来突出、强调整篇文章的重点和核心内容。

### 5.4.2 关键词的选取原则

为便于检索，不能选用过于宽泛的词语作为关键词，可以从论文的各级标题入手，也可以从论文的内容中选取，选出的关键词按照所涉及领域范围从大到小的顺序列出。关键词的选取应遵循以下原则：

（1）一般每篇报告、论文选取 3～8 个词作为关键词。主题词在前，自由词在后。

（2）尽量从文章题目、摘要或正文中选取能表达论文主题的、有实质意义的词，能够让读者通过关键词一目了然地了解文章的关键内容。切忌仅就论文的题名随意构词。

（3）尽量选用规范化的词语，必要时可以选用自由词。在下列情况下可选用自由词：

未被词表收录的新学科、新技术中的重要术语以及文章题名中的人名、地名；词表中未收录的地区、人物、文献、产品等名称及重要数据名称；某些概念采用组配结果出现多义时，被标引概念也可用自由词。

（4）在中文期刊发表论文时，主题词中的缩写词应还原成全称，如“HbsAg”应标引为“乙型肝炎表面抗原”。

（5）不能以非共知、共用的外文缩写作为关键词。

（6）凡有英文摘要的文章，应标注与中文对应的英文关键词。

（7）某些没有特定定语成分的“研究”、“调查”、“观察”和“报告”等不能选做关键词。

（8）未被公认的缩略词不能作为关键词。

（9）化学分子式不能作为关键词；复杂的有机化合物取其基本结构名称作为关键词；药名不用其商品名。

为了便于检索和编制索引，大多数国内期刊要求在关键词下再标引中图分类号和文献标识码。中图分类号是根据论文所属的学科和专业性质采用《中国图书馆分类法》中相应的分类号进行标引。分类号的数量根据论文的主题数量而定，主分类号应排在第一位，多个分类号之间用分号相隔，最后不加标点。文献标识码是用于区分论文和报道信息的性质而使用的文献类型代码。它位于中图分类号之后，空三个汉字字位，共有 A、B、C、D、E 五种。其中：A 是指理论与应用研究学术论文（包括综述报告）；B 是指实用性技术成果报告（科技），理论学习与社会实践总结（社科）；C 是指业务指导和技术管理性文章（包括特约评论和发言）；D 是指一般动态性信息（通讯、报道和会议活动等）；E 是指文件、资料（包括历史资料、统计资料、机构、人物、书刊和知识介绍等）。

### 5.4.3 关键词选取的常见问题

（1）关键词数量过多或过少。通过关键词可以看出文章的主题，如果关键词数量太少，就会难以准确、全面地提示主题内容；如果太多，反映问题的范围宽泛不集中，同样不能准确地反映文章主要内容。

（2）遗漏关键词。很多研究者主要在文题和摘要中挑选关键词，而关键词应该是在对主题进行分析的基础上，总结出文章所论述的核心内容，并加以概括的主题词，如果只从题目和摘要中选择关键词，有时候并不能完全反映全文的重要信息，从而造成关键词的遗漏。

（3）随意标注。有些作者将表示论文研究重点、属性、性质的词语拿来当作关键词，比如：启示、分析、研究、影响因素等，这些词语特异性不强，可用于任何领域，这样不仅失去了关键词的价值，对检索也没有多大意义。

## 5.5 案例分析

本部分以 2020 年 *Applied Surface Science* 上发表的文章"Intimately coupled $TiO_2$/g - $C_3N_4$ phototalysts and *in-situ* cultivated biofilhs enhanced nitrate reduction in water"为例，展示一篇优秀论文的摘要写作要点。

Nitrogen pollution has become a major threat to the aquatic environment, and the key to solve this problem is to enhance the nitrate reduction in water. Intimately coupled photocatalysis and biodegradation (ICPB) is a novel technique for degradation of bio-recalcitrant pollutants; however, it has not been used for nitrate reduction.

开头两句话交代了研究背景——氮污染已成为水生环境的主要威胁，点明了研究方法——光催化耦合生物降解（ICPB）法。接着使用“however”话锋一转，交代了目前研究的空白——尚未有研究将 ICPB 法用于去除水中的氮，同时也说明了本研究的创新点。

This study applied a system that intimately coupled $TiO_2/g-C_3N_4$ photocatalysts and *in-situ* cultivated biofilms for nitrate reduction in water without additional electron donors.

交代了研究内容——使用 $TiO_2/g-C_3N_4$ 光催化剂紧密耦合原位培养生物膜体系，在没有额外电子供体的情况下还原水中的硝酸盐。

The result shows a nitrate removal rate up to 40.3% in ICPB after 16 h. Furthermore, the $N_2$ selectivity was 86.3%, which was higher than that for other protocols.

交代了研究结果，“higher than that for other protocols”与其他研究中的结果作了对比，说明了本研究的优越性。

In ICPB, nitrate was first reduced to nitrite, which was mainly contributed to the effect of biofilms. Then, nitrite was reduced via the cooperation of photocatalysts and biofilms, which benefited both low production of undesirable products and high selectivity of $N_2$. Moreover, the growth of the microbes during the ICPB were favorable for denitrification.

交代了研究的作用机制，“first”、“then”和“moreover”都是科技论文里常用的表示递进关系的连接词，能够使论文语句和前后文关系更加具有逻辑性。

In conclusion, light-induced electrons generated from $TiO_2/g-C_3N_4$ were harvested by microbes, optimizing the community structure of biofilms toward nitrate reduction.

使用“In conclusion”作为开头，对研究结果和作用机制进行了总结。

This study provides a new strategy to enhance the nitrate reduction in water and an insight into the reduction mechanism of nitrate in ICPB.

结尾处强调了本研究的科学意义，“new strategy”再次强调本研究的创新性。

## 参考资料：

[1] 期论网．论文标题选定的四个原则［EB/OL］．（2022-07-15）．https：//

www. wamen. net/xiezuo/16510. html.

[2] 科研写作研究所．论文摘要写作的八个注意事项 [EB/OL]. (2020-10-23). https：//mp. weixin. qq. com/s/mpzD4Kxf5f2p-at3p2FrqQ.

[3] JAMALI H R，NIKZAD M. Article title type and its relation with the number of downloads and citations [J]. Scientometrics，2011，88 (2)：653-661.

[4] ZHANG H J，LIU Z H，LI Y，et al. Intimately coupled $TiO_2/g-C_3N_4$ photocatalysts and *in-situ* cultivated biofilms enhanced nitrate reduction in water [J]. Applied Surface Science，2020，503：144092.

# 第六章

## 论文引言、材料和方法、结果和讨论的写作

# 6.1 引言的结构与写作要点

## 6.1.1 引言的作用

引言又称为前言、绪言或引论，在论文结构编排中放在摘要、关键词之后，正文之前。引言是论文的总体概述，向读者介绍论文的写作背景、目的、缘由以及在相关研究领域前人所做的工作进展，指明相关研究与前人研究的关系，目前研究的热点方向、存在的待解决问题等。同时，引出论文的主题来指引读者往下阅读。简单来说，论文引言部分应该精简地说明该研究的来龙去脉，吸引读者产生阅读兴趣，起引导作用。

## 6.1.2 引言的结构

引言的结构包括以下要素：

（1）研究背景、目的和缘由。主要说明论文中所做研究的重要性和必要性。

（2）相关研究领域前人的研究进展。主要介绍一些前人已取得的研究成果以及还需解决的一些不足和问题，可能是遗留的空白，也可能是引申出的问题。

（3）提出论文的假设或者论文将解决的问题。这一部分主要是强调论文研究的创新性有哪些，是之前研究的承前启后，还是研究内容将有开创性的成果，解决目前存在的问题等，可以简要介绍论文研究所采用的研究方法和表征手段。

（4）论文研究的预期成果及研究意义。这部分主要是总结研究结论以及对未来研究提出展望。

## 6.1.3 引言的写作要点

（1）紧扣论文引言的任务。

作者首先需要开门见山、简明扼要地列出研究背景以及与研究相关的重要概念，使读者能够准确理解作者研究的背景，进而提出研究要解决的问题。

接着要说明本研究的重要性。简述他人在这方面的研究进展、有何结论、是否存在矛盾、有无未解决的问题，提出作者需要研究的理由。在分析以往研究存在的局限性和阐述本研究创新点时，必须遵循实事求是的原则，客观、公正地评价别人的研究工作。对已有研究工作的总结不能断章取义，更不能蓄意曲解别人的思路。在说明已有研究工作的不足、强调作者研究工作的创新点时，应谨慎且留有余地。

最后扼要说明解决所提出的问题采用的方法及实验设计，得出的结果的影响或意义。

（2）引言的写作讲究层次感和逻辑性，最好显示出层层递进的关系。

背景中的倒金字塔原则：以广义背景开始，可以吸引其他专业读者，以狭义背景结束，引出作者工作的需求。通过文献调研，表明作者关心的狭义背景很重要，有什么样的进展或者重要结论。

文献总结回顾是引言的重要内容，要对该领域内过去和现在的情况进行全面概述，特别是最新的进展和过去经典文献引用不能有遗漏。文献引用和数据要准确，避免片面摘录部分结果不能反映文献的总体结果，间接引用的数据会导致文章出现偏差很大的结果（甚至是错误的结果）。引用文献要注意不能原文抄录，应该用作者自己的语言进行总结表达。

分析以往研究的局限性，阐述作者研究的创新点，这是引言的重点，要谨慎撰写。如前所述，阐述局限性时，需要客观公正评价别人的工作；在阐述自己的创新点时，要紧紧围绕以往研究的缺陷性来描述，完整而清晰地描述自己的解决思路。注意文章的切入点不能铺得过大，要抓住其中一点进行深入阐述。只要很好的解决一个问题，就是一篇好论文。

### 6.1.4 引言写作的注意事项

（1）引言篇幅要适中，视整篇文章的长短而定，既不可过长，也不可过短。一般可以占整篇文章的10％～15％。回顾历史择其要点，背景动态只需概括要点，引用参考文献不宜过多。引言中可能涉及一个或多个核心专业术语，不一定为所有读者所熟悉，此时可能需要给出描述或定义（必要时可以用示意图），对其中的专业术语进行适当解释。

（2）要与摘要呼应。摘要要求总结性地给出方法、结果和结论三个要素，而引言可以在任务或论文目标中前导性地介绍要采用或构造什么方法、获得什么样的结果以及期望什么样的结论。

（3）注重对研究现状的分析和概括。一篇好的引言应当对所要研究的问题进行深入的分析思考，归纳总结，逻辑清晰，引出下文，不可泛泛而谈，言其表面。

（4）重点部分是对前人工作的介绍和评述，也就是针对这一课题前人已经做了哪些重要的创新工作，是一个简略的研究史，比如何时由何人发起，国内外哪些学者分别做了哪些创新贡献。要对重要作者和重要参考文献的科学或技术贡献进行评述。在所有的参考文献中，应该突出近年来的文献，尤其近五年的参考文献，应该占一半以上。如果一个课题近几年文献很少，可能是这个课题研究必要性不大，同行没兴趣，也有可能太难了，没有进展，或者作者没有掌握文献，不够全面。

（5）不要重复教科书或众所周知的内容。

（6）引言只起引导作用，可以说明研究的设计，但不要涉及本研究的数据、结果和结论。结果是通过实验或临床观察所得，而结论是在结果的基础上通过逻辑推理提升得出的见解。

（7）引言一般不另列序号及标题。在引言的最后一段应清楚地写明研究目的，简明扼要地讲清楚研究方法，但是不要写结果和结论，让全文写作有逻辑、有深入、不重复。在阐述引言过程中，让人隐性地体会到论文研究的创新性，不能过分夸大研究问题的重要性，要用坚实的数据或实际观察去支持提出的观点。在讨论部分需要将自己的研究结果同前人的结果进行深入比较和优劣分析，这就会再次用到引言中已提及的文献，但两者的侧重点不一样，引言中只是简要地总结前人已有的研究成果和不足，以便引出待解决的问题和自己研究的创新性或价值。

## 6.2　材料和方法的结构与写作要点

### 6.2.1　材料和方法的结构

写完引言，就正式开始对论文使用的材料和实验方法进行详细介绍，这部分也是文章的主体部分。

“实验材料和方法”部分的关键是保证他人可以重复论文的结果，因此，这部分应详细介绍实验用了什么、做了什么和怎么做的，要达到别人按照文章的写作内容可以复现实验结果的水平。审稿者也会根据论文提供的实验材料和方法来判断论文的结果是否可信。如果审稿者认为实验材料和方法有缺陷，则该论文的实验设计也会有缺陷，那么论文将被拒稿。

这一部分由于学科、方向的不同，写作的结构差别很大，形式上一般没有具体要求，但这部分写作要注意逻辑性，可以参考但不限于以下逻辑进行写作：

① 材料准备—样本制作—实验设置—样本测试—数据处理方法；

② 试验场地—调查方法—采样顺序—统计方法。

### 6.2.2 材料和方法的写作要点

1. 具体内容

(1) 研究对象。不同专业领域论文的研究对象千差万别。如医学类论文需要介绍研究对象的性质，是患者还是健康者，以及他们的种族、民族、年龄、性别等，还要介绍研究对象的疾病相关资料，诊断、分型及依据、诊断方法等。又如生化环材类论文需要详细介绍研究地点（采样地点），研究对象类别（如土壤、水体、污染物、微生物、植物等），基础性质等。

(2) 研究（实验）总体设计。如实验采用什么方式，如何设置，处理包括哪些，采用何种随机分组的具体方法，如何做到双盲及对照组的依据及特征等。

(3) 研究采用的方法和测试技术。

(4) 主要测试指标或主要转归指标。

(5) 数据统计学分析方法。

(6) 医学类论文还需提供伦理审查批件和知情同意书。

方法部分的写作通常使用一般过去时，这一部分中应该多使用一些标题和副标题，分类叙述，如试剂和材料、实验方法、表征手段等。主要是告诉读者研究中做了什么实验，用了什么方法，经历了哪些步骤等，有利于让读者能够根据论文的描述重复该研究。

2. 基本内容与写作要点

对实验材料的描述应清楚、准确，通常先对材料做概述，然后再详细描述材料的结构、主要成分或重要特性、设备的功能等。

材料描述中应该清楚地指出研究对象（样品或产品、动物、植物、病人）的数量、来源和准备方法。如果采用具有商标名的仪器、化学试剂或药品时，还应对仪器进行精确的技术说明，并列出试剂或药品的主要化学和物理性质；有些甚至要求给出仪器和样品制造商的名称及所在地。

对于实验材料，应采用国际同行所熟悉的通用名，尽量避免使用只有作者本国同行才知道的专门名称。然而，如果已知有不同特性的产品，并且相互间有重要差别，如特定的微生物媒介，就需要使用商标和制造商的名称，以示与通用名的区别，并将通用的描述紧接在商标名之后。

实验用的动物、植物和微组织应准确地标识出来，并说明其来源和特殊性质、抽样的要求或标准等。

当需要描述多种微生物种属或化合物的来源和特性时，可采用列表的形式，或在正文、表注、图注中简单描述即可。

如果研究对象是人（志愿者或病人），则应特别注意拟投稿期刊的具体要求，应交代研究对象的选择标准，并根据情况兼顾一般性的重要统计特征（年龄、性别和身体状况），以及其他与论文主题相关的统计信息（如体重、身高、种族等）。

要注意 SCI 期刊对涉及人或动物的实验大多都要动物委员会（Institutional Animal Care and Use Committee，IACUC）或伦理委员会（Institutional Review Boards，IRB）通过。方法部分一定要做到：临床研究有患者知情同意，通过伦理委员会批准；动物实验符合本大学或研究单位的动物管理与动物实验的章程等。因此，要认真阅读拟投稿刊物中关于实验的详细规定。如果违反这些规定，论文可能会被拒绝评审或发表。此外还要描述实验动物的完整的双名拉丁名、种系和来源。

3. 对方法的描述要详略得当、重点突出

方法即描述“研究是如何开展的”，通常按研究步骤的时间顺序进行描述，其内容包括：实验环境或条件（如温度、电压、辐射、特殊的光线等）；研究对象选择的方法；选用特定材料、设备或方法的理由；实验程序；所应用的统计分析方法等等。如果没有时间顺序，就按重要性程度描述实验步骤。

在方法的描述中应给出足够的细节信息以便让同行能够重复实验，避免混入有关结果或发现方面的内容。必要时，应该完整地描述选择某种特定方法的理由。如果方法新颖、且不曾发表过，应提供所有必需的细节；如果所采用的方法已经公开报道过，引用相关的文献即可（如果报道该方法期刊的影响力很有限，可稍加详细地描述）；如果对已有方法进行了新的或实质性的改进，就要清楚地说明改进的理由。

对数据统计分析方法的详细描述通常表明作者是新近设计或获得该方法，并且作者相信读者需要这种解释；普通的统计方法无需评论或解释；先进或不常见的统计方法需要适当引用文献。

如果要描述的内容较多，可按层次使用子标题，并尽可能创建与结论中内容相对应的子标题，这种写法可保持文章内部的一致呼应，并且读者也可很快了解某特定方法和与其相关的结果。实验的结果需要进行统计处理时，要提供足够的信息，包括：

① 实验重复了几次，一般来说实验至少重复 3 次；

② 均值；

③ 标准差（SEM）或标准误（SD）；

④ 统计分析的方法；

⑤ *P* 值。

4. 阅读拟投稿期刊的“作者须知”，了解其对“材料与方法”的具体要求十分必要

例如，有些期刊的“作者须知”中要求作者提供研究对象（志愿者或病人）“授权同意”的声明和作者所在单位的同意函，投稿时如果缺少这方面的材料，稿件将不被受理。

5. 力求语法正确、表达简洁且合乎逻辑

由于材料与方法部分通常需要描述很多的内容，因此尤其需要准确、简洁、清楚地表述。

6. 材料和方法写作时态运用

(1) 若描述的内容为不受时间影响的事实，一般用现在时。

(2) 若描述的内容为特定、过去的行为或事件，则采用过去时。

(3) 方法部分的焦点在于描述实验中所进行的每个步骤及所采用的材料。由于所涉及的行为与材料是讨论的焦点，而且读者已知道进行这些行为和采用这些材料的人就是作者自己，因而一般都习惯采用被动语态。

(4) 如果涉及表达作者的观点或看法，则应采用主动语态。

## 6.2.3　材料和方法写作的注意事项

### 6.2.3.1　材料和方法写作中常见问题

(1) 对方法的介绍过于详细或简略。

有些作者喜欢在材料与方法中过于详细地介绍试（实）验方法的每一个步骤，或常规的试验过程和生物统计过程；有些作者则只说“参考某某人的方法，并有改动（或改进）”，但不交代具体改动之处。

(2) 试验设计不合理。

试验设计不合理多表现为试验设计缺乏可比性，比如农业科技论文中，不同年份或不同地点设置不同处理，再将不同年份或不同地点的各个处理进

行比较，由于田间不同年份或不同地点间温光条件、降雨量、病虫发生情况等诸多因素都不相同，设置的不同处理之间可比性很差。另外，处理设置不当、试验重复数不足、试验材料不具有代表性、试验调查和统计时间不一致等问题也时有发生。

（3）统计方法描述不清，结论欠科学。

文中未交代所用统计方法或统计方法交代不清，使读者对论文结论的正确与否无法判断。有的作者只提一句“经统计学处理”后，就写出结论。有的甚至直接用 $P$ 值说明问题，笼统地以 $P>0.05$ 或 $P<0.05$、$P<0.01$ 便称结果差异有无显著性。$P$ 值的大小不仅说明差值的大小，它还与抽样误差大小有关。因此，还应写明具体的统计方法，如有特殊情况，还应说明是否采用了校正，应写出描述性统计量的可信区间，注明精确的统计量值（如 $t$ 值、$F$ 值和 $u$ 值等）和 $P$ 值，然后根据 $P$ 值大小作出统计学判断，并做出相应的专业结论。

（4）统计检验方法应用不正确。

如：$t$ 检验误用于多组资料比较；成组 $t$ 检验与配对 $t$ 检验误用；对于偏态分布的数据采用 $t$ 检验或方差分析；四格表的检验误用，构成了比和率的误用，非正态分析资料用±SM 方式来描述。

这些错误的方法必然导致错误的结论。正确的做法是：配对设计的计量资料宜选用 $t$ 检验；$t$ 检验和方差检验只能用于正态分布的数据中；当方差不齐时，应选用近似的 $t$ 检验；若为大样本（$n>50$），可选用 $u$ 检验；多组间均数比较时，如果资料呈正态分布，且方差呈齐性时，应该用方差分析（也称为 ANOVA 分析或 $F$ 检验）；要研究某两个或某几个总体均数是否相等，还要在方差分析的基础上进一步作两两比较的 $q$ 检验（也称为 Studnet-Newman-Keuls 检验）；当多个观察组与一个对照组进行均数间比较时，应作 Dunnett-t 检验。

6.2.3.2　材料和方法写作的注意事项

（1）说明要详细：要详细介绍研究所使用的仪器、样本、软件等具体信息。比如使用的仪器是哪个型号，精度如何，采用的样本是如何获得的，进行计算和分析的软件是用的哪一款等。

（2）做好附图：针对实验流程或算法流程最好画流程图说明，这样方便读者理解实验构成和算法流程。

（3）对公式进行详细说明：推导过程中的公式要详细说明其中变量所代

表的意义，最好能解释所列出的公式的具体效果，便于读者理解。

（4）附加材料：如果公式推导很长，或者有其他需要很大篇幅来描述但不影响论文阅读的内容，可以单独放到附加材料里。

（5）材料和方法的写作结构也可以参考相同类型其他文章的结构。

## 6.3 结果的有效组织与写作要点

### 6.3.1 结果的有效组织

（1）首先决定应显示哪些结果。根据研究结果与“引言”中所提出问题的相关性来决定列出那些最相关的结果，而不考虑这些结果是否支持所提出的假设。结果部分无需呈现研究所获得或观察到的每一个结果，应有所取舍。对于重复试验，无需列出全部观测值和重复试验的数据，应说明重复次数，采用平均值。选择与主题最相关的结果，兼顾各部分的相对比例，详略得当。如果研究过程中有支撑论文核心数据的过程数据，不影响论文阅读的内容，可以单独放到附加材料里。

（2）在结果部分按照研究方法中所揭示的时间顺序、重要—次要、表象—机理等顺序来组织数据。在每一个段落中应遵循从最重要结果到最不重要结果的叙述顺序。

（3）确定数据的最佳表达形式，如文本，图形，表格等等。总结研究结果，把读者引向文本、图形和/或表格中的数据。文字应与图表呼应互补，但注意文字、图形、表格不应重复相同的信息，例如，同一组数据只需一种呈现形式，无需既列表又用图。

（4）在叙述研究结果时，如果需要本人或团队其他研究数据的支撑，这部分可以包含一些没有正式发表的数据以及过程数据等，可以在附加材料中展示。

（5）清楚地描述一个或多个变量响应或差异的重要性。如果合适，可以使用变化的百分数，而不用具体的数据（具体数据可在附加材料中列出）。

（6）确保数据在通篇文章中的准确性和一致性。注意度量单位与有效数字，采用国际单位制，如果试验仪器测试的数据不是国际单位，应注明并换算。同一组试验数据应使用相同的有效数字。

（7）总结统计分析结果，给出所有初步分析的实际 $P$ 值。有的还需要给出测量误差、标准差、平均标准误差、均方差和变异系数等。用括号给出重复次数或自由度。

（8）根据在文章中出现的顺序对图表统一连续编号，并赋予每一个图表简短扼要的标题，将表题置于表的上方，图题置于图的下方，图例置于图幅中，或单独列出图表题名。

根据拟投期刊的具体要求，把图表插入到文章结果部分的适当位置，或将图表置于文末参考文献之后。每一个图和表均需要完整独立，具有自明性。

（9）当用英文写作时，使用一般过去时叙述研究结果。

（10）写作准确、简洁、清楚。

### 6.3.2　结果的写作要点

（1）分类别、分层次写作。为表达清楚，一般研究结果需要分类别、分层次和分段来写，力求分类清晰，层次分明。对结果进行分类和分层时，首先要突出关键数据，突出有科学意义和具代表性的数据。另外，也要保持适当的均衡。具体内容要注意保持两个一致：第一，结果的内容应当与方法保持一致，每一条结果的内容都应当有对应的方法，结果最好有可复制性，即别人运用同样的方法也应该能够得出一致的结果；第二，结果的文字描述应当与图表对应一致，文字不要简单重复图表内容，而应对图表进行高度凝练，比如用文字来指出图表中数据的差异规律或趋势。文字提供总结，图表提供细节支持。在结果部分，一般只描述研究的结果，而不作解释或与已有相关研究做比较。对结果的解释和比较一般都放在讨论部分。

（2）研究结果的核心要求是翔实准确。研究所得数据必须是真实的，不能伪造和篡改。翔实是指要提供最全面的分析结果，把一切从实验中得到的结果都提供给读者，不要隐瞒或遗漏某些重要结果。

（3）研究结果中数据的展示形式一般是表和图。不同期刊对图表要求不完全一致，应根据拟投期刊的要求具体对待。表格能清晰展示论文获得的第一手结果，便于后人在研究时进行引用和对比。图示能将数据的变化趋势灵活地表现出来，更直接和富于感染力。图表结合，能取长补短，使结果展现更丰富。目前，大家越来越喜欢在论文中给出各种各样的图，但投稿期刊一般会有图表数量限制，因为图表太多会增加排版的难度，版面费和出版社的支出也就会增加。因此，建议在论文中尽量用最少的图表提供最多的信息，最好不超过 6～8 个。必要时可以将核心数据图表之外的图表放在附加材料里。不同期刊对图片格式要求也不尽相同，用 .tif 格式较多。

（4）研究结果中大多要提供统计结果。方差分析的结果形式要符合刊物的格式要求，有的要求要详细给出分析值、自由度和概率，有的只要分析值和概率就可以了。概率可以用 $p=0.05$ 或者 $p<0.05$ 等形式给出，自由度的表达也有特殊要求。这些细节问题虽然关系不大，但是需注意格式要统一。统计分析结果过多时，可用表格列出。

## 6.4 讨论的作用与写作要点

### 6.4.1 讨论的作用

讨论是科技论文的重要组成部分。讨论的目的是解释现象、阐述观点，说明论文的调查/研究结果的含义，为后续研究提出建议。其主要作用是回答引言中提出的问题，解释说明研究结果如何支持给出的答案，这些答案如何与该主题现有的相关知识相吻合。

讨论是对结果的正确性和逻辑性的论证过程。一篇论文如没有进行讨论或讨论不全面，其结果或结论的可信度、科学性和利用价值就会受损。一般来说，要写出高质量的讨论，作者必须具备该研究领域的丰富知识，熟悉其最新研究进展和动态，这就需要大量阅读该领域公开发表的论文。国内外著名期刊审稿时，常常会因为讨论不全面而退稿。在进行讨论时，要针对引言部分所提及的目的和目标，重点对由研究/调查结果中得出的主要结论和新发现给以因果解释或论证，重在有可靠的逻辑，包括归纳、演绎和溯因。所以，讨论应该是对分析结果得出的结论从理论上进行论证和解释，即说明由试验（实验）得出的结论或创新点成立的证据、条件，影响因素、理论与实践价值、局限性等。讨论通常被认为是一篇论文的“心脏”，最能反映作者掌握的文献量和对某个学术问题的了解和理解程度。讨论部分写作的好坏往往决定一篇文章的深度，也是作者学术水平的标志之一。

### 6.4.2 讨论的写作要点

讨论部分的写作也需要分层次，一般是根据讨论得出的论点来分层次和分段。对结果的讨论常常涉及三种比较：第一，与预期目标的比较，根据具体的研究目标，要对实际结果与预期结果进行比较，如有不符，要尽量给出解释，有时要根据结果指出该研究的局限之处；第二，与相关文献的比较，通过比较，最好能指出该研究的创新点，优势或特色；第三，与长远目标的比较，通过比较，来指出该研究对长远目标的实际贡献，分析该研究的理论意义或实用价值、推广前景等等。

1. 写作内容

（1）探讨所得研究结果与原来的假设是否符合，并说明理由。

（2）对试验误差和影响试验结果或结论的限制因素进行解释，并提出如何有效控制的改进措施。

（3）应当指出试验中的例外情况，或那些缺乏联系的结果以及目前无法解释的异常情况。

（4）该研究所得结果与其他学者已发表的结果是否一致，如不一致，给出说明、解释或推测。

（5）指出研究结果的理论意义和实践价值，即可支持或反驳相关领域中现有的理论或技术方案，或是对现有理论或技术方案的修正。

（6）指出该研究还有哪些有待解决的问题，以及解决这些问题的基本思路和关键，并建议进一步的研究方向或课题。写作过程中，引证要准确，解释要科学，表述要全面、辩证、客观，切忌武断。

2. 写作要点

（1）对结果的解释要重点突出，并且简洁、清楚。为有效地回答研究问题，可适当简要地回顾研究目的并概括主要结果，但不能简单地罗列结果，结果的概括要服务于讨论。

（2）推论要符合逻辑，避免实验数据不足以支持的观点和结论。根据结果进行推理时要适度，论证时一定要注意结论和推论的逻辑性。在探讨实验结果或观察事实的相互关系和科学意义时，无需得出试图去解释一切的大结论。如果把数据外推到一个更大的、不恰当的结论，不仅无益于提高作者的科学贡献，甚至现有数据支持的结论也会受到怀疑。

（3）观点或结论的表述要清楚、明确。

（4）对结果科学意义和实际应用效果的表达要实事求是，适当留有余地。避免使用“for the first time”等类似的优先权声明。在讨论中应选择适当的词汇来区分推测与事实。例如：可选用“prove”“demonstrate”等表示作者坚信观点的真实性；选用“indicate”等表示作者对问题的答案有某些不确定性；选用“imply”“suggest”等表示推测；也可以选用“can”“will”“should”“probably”“may”“could”“possibly”等来表示论点的确定性程度。

3. 写作步骤

（1）选择主要问题。如果研究结果体现了实验的独特性，是其他研究中没有得到的，那这个结果就是要重点讨论的问题。

(2) 深入探讨所选问题。对选中的问题按一定层次从多个角度进行讨论，说理要有根据，问题要讲清楚、讲透彻。首先要有类似结果的对比，说明自己结论的独特性。其次要系统阐述为什么会有这样的结果，将这个问题深入阐述清楚。

不同期刊对讨论也有各自的要求，例如：*Nature Climate Change* 要求讨论不包含副标题；*Environmental Science & Technology* 要求讨论完整但简洁，讨论研究得出的发现并将结果与其他人的结果进行比较，避免不相关的比较或对比，避免任何不受所提供数据支持的推测和冗长的讨论；*Water Research* 要求探讨工作结果的意义而不是重复结果，应该将研究得出的发现整合到一个全面的图片中，避免大量引用和讨论已发表的文献。

### 6.4.3 讨论写作的注意事项

(1) 解释要重点突出，简洁清楚，不必重复已在结果部分详述过的数据或语句，更不应列入图或表。

(2) 推理要逻辑性强，避免数据不足以支持的观点和结论，不要扩大结果的适用范围和进行外推。

(3) 观点表述要清楚、明确，如果支持或反对前人的结论，要进行解释。

(4) 所用文献要查看原文，不要误用。

(5) 不管是同结果部分放一起，还是单独地进行讨论，讨论的重点都应放在所得结果或发现的意义，不要重述结果本身。

(6) 可以进行适当的科学推测，但一定要合理、有根有据。

(7) 对结果的科学意义和实际应用的表达要实事求是，适当留有余地。

(8) 讨论的最后最好是论文最重要的结论。

## 6.5 案例分析

本部分以 *Science* 上发表的一篇论文为例，分析一篇优秀的论文各部分的特点。

论文名：Food for Thought：Lower－Than－Expected Crop Yield Stimulation with Rising $CO_2$ Concentrations

作者：Long，Stephen P.，Elizabeth A. Ainsworth，Andrew DB Leakey，Josef Nosberger，and Donald R. Ort.

发表期刊及时间：*Science*（卷 312；页 1918—1921），2006 年

1. 标题和摘要（图 6.1）

作为一篇能够在顶级学术期刊 *Science* 上发表的论文，文章处处都是字斟句酌、反复考量。就以论文标题为例，作者并没有选用例如“XX + study/effect/assessment/analysis on+（具体内容）”这一套常规的论文命名方式，而是开题立要点出了这篇论文的核心是“food for thought”，然后直接点明自己论文的主要结论，让读者一眼就能知道作者的研究核心是什么，同时勾引起读者好奇心，一针见血。

论文的摘要部分是非常经典的四段论写作格式，背景是什么、问题是什么、论文做了什么、结论是什么。背景：作者提出前人的研究结果显示，到 2050 年，温度升高和土壤湿度下降（温室效应）会导致粮食减产，但二氧化碳浓度增加会抵消减产效果。问题：现行的二氧化碳施肥因子是 20 年前根据封闭试验测出来的（实际情况下农作物的生产不可能处于封闭环境，必然是露天）。内容：应用 FACE 技术可以实现露天情况下的二氧化碳施肥因子测试（论文的研究重点）。结论：封闭试验环境的结果不能反映露天条件下的情况，存在 50%的偏差（背景提及的前人研究结果不合理）。

很多作者在写摘要时，经常会陷入一个误区，即明知道三段式或者四段式的摘要结构，却不知道该怎么填充论文内容，有时候可能是不清楚自己的研究中什么可以吸引眼球，有时候可能是觉得重点太多不知道写哪个好。这篇论文就给了一个非常经典的示范，摘要中的五句话分别是下文五个部分的高度概括，让读者只需要短短 30 秒就可以读完整篇论文的精华部分。

**Food for Thought: Lower-Than-Expected Crop Yield Stimulation with Rising $CO_2$ Concentrations**

Stephen P. Long,[1,2,3*] Elizabeth A. Ainsworth,[4,1,3] Andrew D. B. Leakey,[3,1] Josef Nösberger,[5] Donald R. Ort[4,1,2,3]

Model projections suggest that although increased temperature and decreased soil moisture will act to reduce global crop yields by 2050, the direct fertilization effect of rising carbon dioxide concentration ([$CO_2$]) will offset these losses. The $CO_2$ fertilization factors used in models to project future yields were derived from enclosure studies conducted approximately 20 years ago. Free-air concentration enrichment (FACE) technology has now facilitated large-scale trials of the major grain crops at elevated [$CO_2$] under fully open-air field conditions. In those trials, elevated [$CO_2$] enhanced yield by ~50% less than in enclosure studies. This casts serious doubt on projections that rising [$CO_2$] will fully offset losses due to climate change.

图 6.1　标题与摘要示例

2. 引言

论文的前 1～3 段落是常规论文的引言部分，整体围绕论文的背景展开，第一段阐述了 IPCC（全球跨政府气候变化委员会）的预测，即他们认为尽管温度升高和土壤温度下降会导致粮食减产，但全球总体的农作物产量其实会略微增加；第二段阐述 IPCC 的预测是基于什么数据和研究，以及这些数据和研究有哪些不足之处；第三段重点解释为什么 IPCC 会做出此类预测及二氧化碳浓度增加抵消减产效果的原理（图 6.2）。

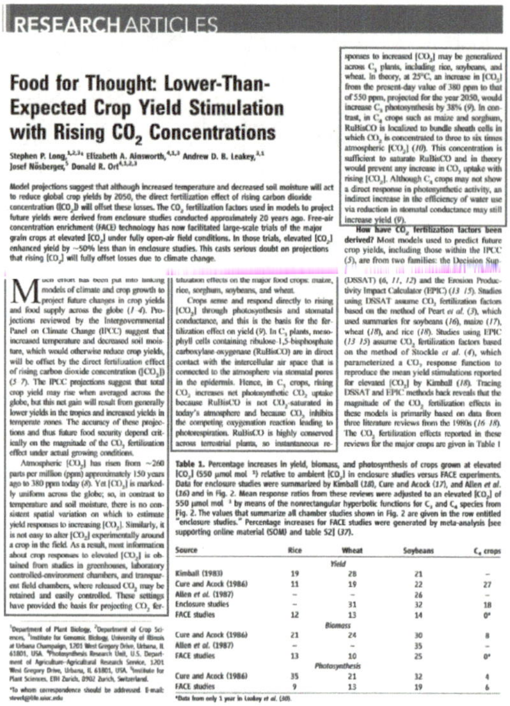

RESEARCH ARTICLES

**Food for Thought: Lower-Than-Expected Crop Yield Stimulation with Rising $CO_2$ Concentrations**

Stephen P. Long,[1,2,3*] Elizabeth A. Ainsworth,[4,1,3] Andrew D. B. Leakey,[3,1] Josef Nösberger,[5] Donald R. Ort[4,1,2,3]

**Model projections suggest that although increased temperature and decreased soil moisture will act to reduce global crop yields by 2050, the direct fertilization effect of rising carbon dioxide concentration ([$CO_2$]) will offset these losses. The $CO_2$ fertilization factors used in models to project future yields were derived from enclosure studies conducted approximately 20 years ago. Free-air concentration enrichment (FACE) technology has now facilitated large-scale trials of the major grain crops at elevated [$CO_2$] under fully open-air field conditions. In those trials, elevated [$CO_2$] enhanced yield by ~50% less than in enclosure studies. This casts serious doubt on projections that rising [$CO_2$] will fully offset losses due to climate change.**

Much effort has been put into linking models of climate and crop growth to project future changes in crop yields and food supply across the globe (*1–4*). Projections reviewed by the Intergovernmental Panel on Climate Change (IPCC) suggest that increased temperature and decreased soil moisture, which would otherwise reduce crop yields, will be offset by the direct fertilization effect of rising carbon dioxide concentration ([$CO_2$]) (*5–7*). The IPCC projections suggest that total crop yield may rise when averaged across the globe, but this net gain will result from generally lower yields in the tropics and increased yields in temperate zones. The accuracy of these projections and thus future food security depend critically on the magnitude of the $CO_2$ fertilization effect under actual growing conditions.

Atmospheric [$CO_2$] has risen from ~260 parts per million (ppm) approximately 150 years ago to 380 ppm today (*8*). Yet [$CO_2$] is markedly uniform across the globe; so, in contrast to temperature and soil moisture, there is no consistent spatial variation on which to estimate yield responses to increasing [$CO_2$]. Similarly, it is not easy to alter [$CO_2$] experimentally around a crop in the field. As a result, most information about crop responses to elevated [$CO_2$] is obtained from studies in greenhouses, laboratory controlled-environment chambers, and transparent field chambers, where released $CO_2$ may be retained and easily controlled. These settings have provided the basis for projecting $CO_2$ fertilization effects on the major food crops: maize, rice, sorghum, soybeans, and wheat.

Crops sense and respond directly to rising [$CO_2$] through photosynthesis and stomatal conductance, and this is the basis for the fertilization effect on yield (*9*). In $C_3$ plants, mesophyll cells containing ribulose-1,5-bisphosphate carboxylase-oxygenase (RuBisCO) are in direct contact with the intercellular air space that is connected to the atmosphere via stomatal pores in the epidermis. Hence, in $C_3$ crops, rising $CO_2$ increases net photosynthetic $CO_2$ uptake because RuBisCO is not $CO_2$-saturated in today's atmosphere and because $CO_2$ inhibits the competing oxygenation reaction leading to photorespiration. RuBisCO is highly conserved across terrestrial plants, so instantaneous responses to increased [$CO_2$] may be generalized across $C_3$ plants, including rice, soybeans, and wheat. In theory, at 25°C, an increase in [$CO_2$] from the present-day value of 380 ppm to that of 550 ppm, projected for the year 2050, would increase $C_3$ photosynthesis by 38% (*9*). In contrast, in $C_4$ crops such as maize and sorghum, RuBisCO is localized to bundle sheath cells in which $CO_2$ is concentrated to three to six times atmospheric [$CO_2$] (*10*). This concentration is sufficient to saturate RuBisCO and in theory would prevent any increase in $CO_2$ uptake with rising [$CO_2$]. Although $C_4$ crops may not show a direct response in photosynthetic activity, an indirect increase in the efficiency of water use via reduction in stomatal conductance may still increase yield (*9*).

**How have $CO_2$ fertilization factors been derived?** Most models used to predict future crop yields, including those within the IPCC (*5*), are from two families: the Decision Sup- [illegible] (DSSAT) (*6, 11, 12*) and the Erosion Productivity Impact Calculator (EPIC) (*13–15*). Studies using DSSAT assume $CO_2$ fertilization factors based on the method of Peart *et al.* (*3*), which used summaries for soybeans (*16*), maize (*17*), wheat (*18*), and rice (*18*). Studies using EPIC (*13–15*) assume $CO_2$ fertilization factors based on the method of Stockle *et al.* (*4*), which parameterized a $CO_2$ response function to reproduce the mean yield stimulations reported for elevated [$CO_2$] by Kimball (*18*). Tracing DSSAT and EPIC methods back reveals that the magnitude of the $CO_2$ fertilization effects in these models is primarily based on data from three literature reviews from the 1980s (*16–18*). The $CO_2$ fertilization effects reported in these reviews for the major crops are given in Table 1

**Table 1.** Percentage increases in yield, biomass, and photosynthesis of crops grown at elevated [$CO_2$] (550 μmol $mol^{-1}$) relative to ambient [$CO_2$] in enclosure studies versus FACE experiments. Data for enclosure studies were summarized by Kimball (*18*), Cure and Acock (*17*), and Allen *et al.* (*16*) and in Fig. 2. Mean response ratios from these reviews were adjusted to an elevated [$CO_2$] of 550 μmol $mol^{-1}$ by means of the nonrectangular hyperbolic functions for $C_3$ and $C_4$ species from Fig. 2. The values that summarize all chamber studies shown in Fig. 2 are given in the row entitled "enclosure studies." Percentage increases for FACE studies were generated by meta-analysis [see supporting online material (SOM) and table S2] (*37*).

| Source | Rice | Wheat | Soybeans | $C_4$ crops |
|---|---|---|---|---|
| | | *Yield* | | |
| Kimball (1983) | 19 | 28 | 21 | – |
| Cure and Acock (1986) | 11 | 19 | 22 | 27 |
| Allen *et al.* (1987) | – | – | 26 | – |
| Enclosure studies | – | 31 | 32 | 18 |
| FACE studies | 12 | 13 | 14 | 0* |
| | | *Biomass* | | |
| Cure and Acock (1986) | 21 | 24 | 30 | 8 |
| Allen *et al.* (1987) | – | – | 35 | – |
| FACE studies | 13 | 10 | 25 | 0* |
| | | *Photosynthesis* | | |
| Cure and Acock (1986) | 35 | 21 | 32 | 4 |
| FACE studies | 9 | 13 | 19 | 6 |

*Data from only 1 year in Leakey *et al.* (*30*).

[1]Department of Plant Biology, [2]Department of Crop Sciences, [3]Institute for Genomic Biology, University of Illinois at Urbana Champaign, 1201 West Gregory Drive, Urbana, IL 61801, USA. [4]Photosynthesis Research Unit, U.S. Department of Agriculture–Agricultural Research Service, 1201 West Gregory Drive, Urbana, IL 61801, USA. [5]Institute for Plant Sciences, ETH Zurich, 8902 Zurich, Switzerland.

*To whom correspondence should be addressed. E-mail: stevel@life.uiuc.edu

**图 6.2 引言示例**

三个段落层层递进，一步步引导读者产生疑问，并在下文把读者的疑问以段落小标题的形式提出来：How have $CO_2$ fertilization factors been derived? Why might chamber studies be inadequate for predicting future yields?（图 6.3）

针对第一个问题：“二氧化碳的施肥因子是怎样出来的?”作者做了详尽的文献调研，并将调研结果进行了总结。通过文献调研得出来前人研究的一

after adjustment to estimate crop performance at a common [$CO_2$] of 550 ppm. Collectively, the fertilization factors averaged across the $C_3$ crops (rice, wheat, and soybeans) are 24% for yield, 27% for biomass, and 29% for photosynthesis. The responses for maize were lower except for yield, which was reported to increase by 27% (Table 1). All studies included in the reviews used enclosures, such as controlled environmental chambers, transparent field enclosures, or open-top chambers. Since the 1980s, many further chamber studies have been conducted. When these are compiled for wheat and soybeans, an even larger yield fertilization factor of 31% is suggested (Table 1). Although this is a wealth of data on which to project a $CO_2$ fertilization effect for crops across the globe, no agrochemical or plant-breeding company would base its business plan for a new chemical or variety solely on greenhouse studies without rigorous field trials (*19*, *20*). Yet our current projections of future world food supply are based on such potentially inadequate data.

**Why might chamber studies be inadequate for predicting future yields?** Many chamber studies used plants grown in pots, which are now known to alter the response of plants to elevated [$CO_2$] (*21*). Most of the field studies used open-topped and transparent-walled chambers, up to 2 m in diameter. Despite being partially open to the atmosphere, important environmental differences remain. In a chamber carefully designed to minimize environmental differences, receiving ~75% of full sunlight, the temperature inside the chamber was 4.3°C warmer and the water vapor pressure deficit was 0.8 kPa higher (*22*) than outside the chamber. The transmission of sunlight into the chambers was lower and the ratio of diffuse to direct sunlight increased. Other chamber types would cause even greater perturbation of the natural environment. All chambers alter air flow and intercept rainfall. Access by pests and diseases is restricted, but if they gain access, higher humidity and more shelter may accentuate epidemics. As a result, the effect of the chamber on plants is often greater than that of elevated [$CO_2$] (*23*). In agronomic trials, buffer rows are used between treatments; typically the width of this zone is twice the height of the crop. Because of the small practical size of chambers, most or all of the treated crop will be within this zone, which could exaggerate the response to elevated [$CO_2$] (*23*). To overcome these limitations, free-air concentration enrichment (FACE) was developed.

**How does FACE work?** A typical FACE apparatus consists of a 20-m-diameter plot within the crop field (Fig. 1A), in which $CO_2$ is released just above the crop surface on the upwind side of the plot. Wind direction, wind velocity, and [$CO_2$] (or ozone concentration) are measured at the center of the plot. Fast-feedback computer control then adjusts the positions and amount of $CO_2$ released at different points around the plot. These systems have been engineered so that they can operate continuously from sowing to harvest and maintain [$CO_2$] within the plot to within ±10% of the target level, either 550 or 600 ppm, for ~90% of the time (*9*, *24*–*26*) (Fig. 1B). Elevated [$CO_2$] decreases transpiration and therefore evaporative cooling, so that in sunlight the crop is warmer. This can serve to illustrate the uniformity of treatment (Fig. 1B).

Mini-FACE systems as small as 1 m in diameter have been developed and have proved invaluable in ecosystem studies where the focus is on the effect of increased input of carbon (*27*), but they do not escape the problems of enclosures with respect to scale. Avoiding edge effects associated with small plots is critical when the objective is to determine an exact $CO_2$ fertilization factor for crops. Our analysis has therefore been limited to full-size FACE systems of plots >8 m in diameter, investigating the five major global food crops and managed pasture systems (table S1): wheat at Maricopa, Arizona, USA, in 1992, 1993, 1996, and 1997; managed grassland at Eschikon, Switzerland, from 1993 to 2002; managed pasture at Bulls, New Zealand, from 1997 to 2002; sorghum at Maricopa, Arizona, USA, in 1998 and 1999; rice at Shizukuishi, Japan, from 1998 to 2000; and soybeans at Urbana-Champaign, Illinois, USA, from 2001 to 2005 and maize at the same location in 2002 and 2004 (*26*, *28*).

**What have we learned from the FACE experiments?** The response of plant production to [$CO_2$] is approximately hyperbolic, increasing linearly at subambient concentration and saturating at around 800 to 2000 ppm. The ratio of yield at treatment [$CO_2$] to yield at atmospheric [$CO_2$] was calculated for over 340 independent chamber studies. Hyperbolas of the response of yield to [$CO_2$] were then fit for wheat, soybeans, and $C_4$ grains (maize and sorghum combined) (Fig. 2). Only one replicated FACE experiment was conducted with each of these crops, but these experiments were repeated over 2 to 5 years. It was notable that for each crop, the stimulation of yield observed in FACE experiments fell well below (about half) the value predicted from chambers (Fig. 2). This was apparent for total biomass and most marked for photosynthesis. Notably, the stimulation of photosynthesis by elevated [$CO_2$] in enclosure studies of rice was four times the value observed in the rice FACE experiment (Table 1). With so few FACE studies, it might be thought that these lower values are the result of chance. Table 1 shows that for three key production measures in four crops, only 1 of the 12 items is not lower than the chamber equivalent. The probability of this outcome being attributed to chance is remote ($P = 0.003$).

Results from FACE experiments with $C_4$ crops are consistent with $CO_2$ having no direct effect on photosynthesis, but there may be an indirect effect through the amelioration of drought stress by reduced stomatal conductance at elevated [$CO_2$] (*29*–*31*). This fits the theoret-

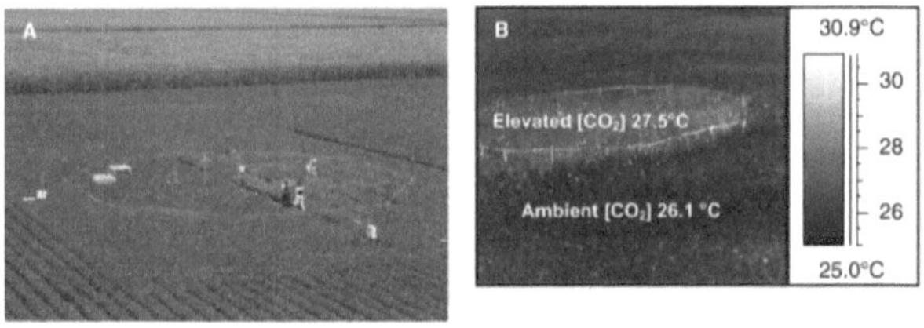


**Fig. 1.** (**A**) One of the 16 FACE plots of soybeans at the University of Illinois SoyFACE facility. $CO_2$ is released into the wind from nozzles in the green pipe, on the upwind side of the plot. Release rate is determined by wind speed and [$CO_2$], which is measured at the center of each ring. (**B**) The false-color infrared image provides a simple visualization of the uniformity of $CO_2$ treatment within a FACE plot. Here the atmosphere around a maize crop within the octagonal plot is maintained at 550 ppm [$CO_2$], whereas the rest of the field is at the current ambient [$CO_2$] of ~380 ppm. Maize growing inside an elevated [$CO_2$] plot was warmer in full sunlight than maize growing under ambient [$CO_2$] outside the plot at 15:30 on 15 July 2004. At that time, the average canopy temperature inside the four elevated [$CO_2$] plots at SoyFACE was 27.9 ± 0.2°C, significantly higher than canopy temperatures under ambient [$CO_2$] outside the plots (26.8 ± 0.3°C; $P = 0.03$). Because the pipes surrounding the plot are dry, they are warmer and so appear as white or light yellow. Greater canopy temperatures under elevated [$CO_2$] result from lower stomatal conductance, reducing latent heat loss by evapotranspiration and leading to lower crop water use, as described in Leakey *et al.* (*30*).

图 6.3　段落标题示例

个共性问题，即当前研究的因子都是基于封闭受控的室内环境得出来的，如果用于全球作物产量的预测就显得 potentially inadequate（潜在不足）。

第二个问题是第一个问题的引申，顺着第一个问题中提到的不足，自然而然地提出为什么这些因子不能用于全球作物产量的预测，并指出怎么做才能得到一套解决当前问题且能用于全球作物产量预测的数据。承上启下，文章自然过渡到材料和方法部分。

另外，这样的段落安排恰好与摘要中的第一句和第二句完美对应，环环相扣。

3. 方法和结果

在引出了自己的试验方法后，紧接着的一个问题，“How does FACE work?”提出了读者可能存在的疑问。具体的论文内容比较常规，主要是介绍 FACE 的工作原理，以及作者团队用 FACE 做了什么试验（图 6.3）。

介绍完 FACE 的工作原理之后，作者再次利用一个问题跳入结果部分。乍一看似乎并不出彩，但进一步阅读后不难发现，作者的研究远不是一次或多次试验那么简单。论文的研究涉及多维度、多物种、多地域、多时间跨度的试验，并在这个基础上进行了深入的理论剖析，最终得出结论：前人封闭试验的研究是不合理的，FACE 试验的结果显示二氧化碳浓度增加对因温室效应导致粮食减产的改善作用远低于预期（图 6.4）。

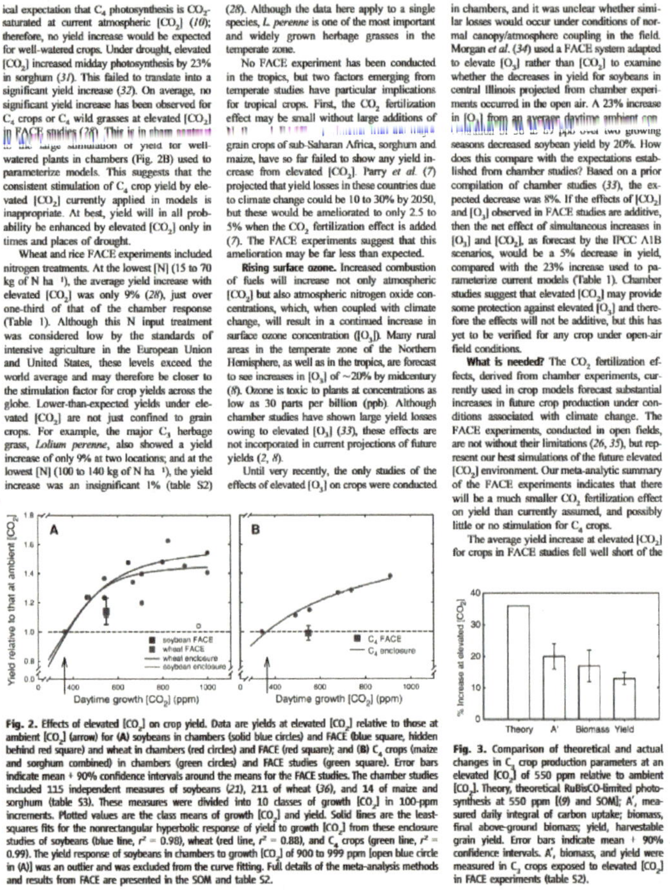
ical expectation that $C_4$ photosynthesis is $CO_2$-saturated at current atmospheric [$CO_2$] (*10*); therefore, no yield increase would be expected for well-watered crops. Under drought, elevated [$CO_2$] increased midday photosynthesis by 23% in sorghum (*31*). This failed to translate into a significant yield increase (*32*). On average, no significant yield increase has been observed for $C_4$ crops or $C_4$ wild grasses at elevated [$CO_2$] in FACE studies (*28*). This is in [illegible] simulation of yield for well-watered plants in chambers (Fig. 2B) used to parameterize models. This suggests that the consistent stimulation of $C_4$ crop yield by elevated [$CO_2$] currently applied in models is inappropriate. At best, yield will in all probability be enhanced by elevated [$CO_2$] only in times and places of drought.

Wheat and rice FACE experiments included nitrogen treatments. At the lowest [N] (15 to 70 kg of N $ha^{-1}$), the average yield increase with elevated [$CO_2$] was only 9% (*28*), just over one-third of that of the chamber response (Table 1). Although this N input treatment was considered low by the standards of intensive agriculture in the European Union and United States, these levels exceed the world average and may therefore be closer to the stimulation factor for crop yields across the globe. Lower-than-expected yields under elevated [$CO_2$] are not just confined to grain crops. For example, the major $C_3$ herbage grass, *Lolium perenne*, also showed a yield increase of only 9% at two locations; and at the lowest [N] (100 to 140 kg of N $ha^{-1}$), the yield increase was an insignificant 1% (table S2) (*28*). Although the data here apply to a single species, *L. perenne* is one of the most important and widely grown herbage grasses in the temperate zone.

No FACE experiment has been conducted in the tropics, but two factors emerging from temperate studies have particular implications for tropical crops. First, the $CO_2$ fertilization effect may be small without large additions of [illegible] grain crops of sub-Saharan Africa, sorghum and maize, have so far failed to show any yield increase from elevated [$CO_2$]. Parry *et al.* (*7*) projected that yield losses in these countries due to climate change could be 10 to 30% by 2050, but these would be ameliorated to only 2.5 to 5% when the $CO_2$ fertilization effect is added (*7*). The FACE experiments suggest that this amelioration may be far less than expected.

**Rising surface ozone.** Increased combustion of fuels will increase not only atmospheric [$CO_2$] but also atmospheric nitrogen oxide concentrations, which, when coupled with climate change, will result in a continued increase in surface ozone concentration ([$O_3$]). Many rural areas in the temperate zone of the Northern Hemisphere, as well as in the tropics, are forecast to see increases in [$O_3$] of ~20% by midcentury (*8*). Ozone is toxic to plants at concentrations as low as 30 parts per billion (ppb). Although chamber studies have shown large yield losses owing to elevated [$O_3$] (*33*), these effects are not incorporated in current projections of future yields (*2, 8*).

Until very recently, the only studies of the effects of elevated [$O_3$] on crops were conducted in chambers, and it was unclear whether similar losses would occur under conditions of normal canopy/atmosphere coupling in the field. Morgan *et al.* (*34*) used a FACE system adapted to elevate [$O_3$] rather than [$CO_2$] to examine whether the decreases in yield for soybeans in central Illinois projected from chamber experiments occurred in the open air. A 23% increase in [$O_3$] from an average daytime ambient [illegible] ppb over two growing seasons decreased soybean yield by 20%. How does this compare with the expectations established from chamber studies? Based on a prior compilation of chamber studies (*33*), the expected decrease was 8%. If the effects of [$CO_2$] and [$O_3$] observed in FACE studies are additive, then the net effect of simultaneous increases in [$O_3$] and [$CO_2$], as forecast by the IPCC A1B scenarios, would be a 5% decrease in yield, compared with the 23% increase used to parameterize current models (Table 1). Chamber studies suggest that elevated [$CO_2$] may provide some protection against elevated [$O_3$] and therefore the effects will not be additive, but this has yet to be verified for any crop under open-air field conditions.

**What is needed?** The $CO_2$ fertilization effects, derived from chamber experiments, currently used in crop models forecast substantial increases in future crop production under conditions associated with climate change. The FACE experiments, conducted in open fields, are not without their limitations (*26, 35*), but represent our best simulations of the future elevated [$CO_2$] environment. Our meta-analytic summary of the FACE experiments indicates that there will be a much smaller $CO_2$ fertilization effect on yield than currently assumed, and possibly little or no stimulation for $C_4$ crops.

The average yield increase at elevated [$CO_2$] for crops in FACE studies fell well short of the



**Fig. 2.** Effects of elevated [$CO_2$] on crop yield. Data are yields at elevated [$CO_2$] relative to those at ambient [$CO_2$] (arrow) for (**A**) soybeans in chambers (solid blue circles) and FACE (blue square, hidden behind red square) and wheat in chambers (red circles) and FACE (red square); and (**B**) $C_4$ crops (maize and sorghum combined) in chambers (green circles) and FACE studies (green square). Error bars indicate mean + 90% confidence intervals around the means for the FACE studies. The chamber studies included 115 independent measures of soybeans (*21*), 211 of wheat (*36*), and 14 of maize and sorghum (table S3). These measures were divided into 10 classes of growth [$CO_2$] in 100-ppm increments. Plotted values are the class means of growth [$CO_2$] and yield. Solid lines are the least-squares fits for the nonrectangular hyperbolic response of yield to growth [$CO_2$] from these enclosure studies of soybeans (blue line, $r^2$ = 0.98), wheat (red line, $r^2$ = 0.88), and $C_4$ crops (green line, $r^2$ = 0.99). The yield response of soybeans in chambers to growth [$CO_2$] of 900 to 999 ppm [open blue circle in (A)] was an outlier and was excluded from the curve fitting. Full details of the meta-analysis methods and results from FACE are presented in the SOM and table S2.

**Fig. 3.** Comparison of theoretical and actual changes in $C_3$ crop production parameters at an elevated [$CO_2$] of 550 ppm relative to ambient [$CO_2$]. Theory, theoretical RuBisCO-limited photosynthesis at 550 ppm [(*9*) and SOM]; A′, measured daily integral of carbon uptake; biomass, final above-ground biomass; yield, harvestable grain yield. Error bars indicate mean + 90% confidence intervals. A′, biomass, and yield were measured in $C_3$ crops exposed to elevated [$CO_2$] in FACE experiments (table S2).

图 6.4 方法和结果示例

4. 结果与讨论

接下来作者通过论文得出来的结果，对全球范围内的作物生长做出了预测。这部分内容往往最不好写，但也是最能彰显作者学术水平的部分。这篇论文的作者将应用层面的研究拓宽到了原理层面的分析，从实际应用效果和微观原理进行了对比。在论文写作中，这部分内容的写作层次并不能简单地通过掌握写作技巧来提升，而是与作者对本研究领域的信息积累和研究深度息息相关。

从上述的分析不难看出，高质量论文的写作风格都是相近的，言简意赅、词句考究、逻辑闭环、高屋建瓴，当这些优点集中在一篇论文上时，就意味着该论文作者的写作水平已经到了相当高的境界。此类论文，值得所有读者反复阅读体会、推敲剖析，从而逐步提高读者自身的写作水平。

theoretically possible increase based on the well-defined properties of RuBisCO (Fig. 3). At 25°C, an increase in [$CO_2$] to 550 ppm should increase light-saturated photosynthesis by 36%. The average increase observed for $C_3$ crops in FACE was 20% for the daily integral of photosynthetic $CO_2$ uptake, 17% for total biomass, and just 13% for yield (Fig. 3). This suggests that a series of feedbacks operate in the field to constrain realization of the potential benefits of elevated [$CO_2$]. Only with a thorough high-priority R&D effort might we overcome these feedbacks and achieve the potential gains in food supply.

The FACE experiments clearly show that much lower $CO_2$ fertilization factors should be used in model projections of future yields; however, the present experiments are limited in the range of growing conditions that they cover. Scientists have not investigated the interactive effects of simultaneous change in [$CO_2$], [$O_3$], temperature, and soil moisture. Technological advances suggest that large-scale open-air facilities to investigate these interactions over controlled gradients of variation are now possible (*26*). Although we have projected results to 2050, this may be too far in the future to spur commercial R&D, but it must not be seen as too distant to discourage R&D in the public sector, given the long lead times that may be needed to avoid global food shortage.

**References and Notes**

1. G. Hoogenboom *et al.*, in *Climate Change and Agriculture: Analysis of Potential International Impacts. ASA Special Publication no. 59* (American Society of Agronomy, Madison, WI, 1995), pp. 51–75.
2. M. Parry, C. Rosenzweig, M. Livermore, *Philos. Trans. R. Soc. London Ser. B* **360**, 2125 (2005).
3. R. M. Peart, J. W. Jones, R. B. Curry, K. J. Boote, L. H. Allen, in *The Potential Effects of Global Climate Change on the United States, Appendix C, Report to Congress*, J. B. Smith, D. A. Tirpak, Eds. (EPA-230-05-89-053, U.S. Environmental Protection Agency, Washington, DC, 1989), pp. 2–54.
4. C. O. Stockle, J. R. Williams, N. J. Rosenberg, C. A. Jones, *Agric. Syst.* **38**, 225 (1992).
5. H. Gitay, S. Brown, W. Easterling, B. Jallow, in *Climate Change 2001: Impacts, Adaptation, and Vulnerability*, J. J. McCarthy, O. F. Canziani, N. A. Leary, D. J. Dokken, K. S. White, Eds. (Cambridge Univ. Press, Cambridge, 2001), pp. 237–342.
6. M. Parry, C. Rosenzweig, A. Iglesias, G. Fischer, M. Livermore, *Global Environ. Change* **9**, 551 (1999).
7. M. L. Parry, C. Rosenzweig, A. Iglesias, M. Livermore, G. Fischer, *Global Environ. Change* **14**, 53 (2004).
8. J. T. Houghton *et al.*, Eds., *Climate Change 2001: The Scientific Basis. Contribution of Working Group I to the Third Assessment Report of the Intergovernmental Panel on Climate Change* (Cambridge Univ. Press, Cambridge, 2001).
9. S. P. Long, E. A. Ainsworth, A. Rogers, D. R. Ort, *Annu. Rev. Plant Biol.* **55**, 591 (2004).
10. S. von Caemmerer, R. T. Furbank, *Photosynth. Res.* **77**, 191 (2003).
11. R. M. Adams *et al.*, *Nature* **345**, 219 (1990).
12. C. Rosenzweig, A. Iglesias, in *Understanding Options for Agricultural Production*, G. Y. Tsuji, G. Hoogenboom, P. K. Thornton, Eds. (Kluwer Academic, Dordrecht, Netherlands, 1998), pp. 267–292.
13. R. A. Brown, N. J. Rosenberg, *Clim. Change* **41**, 73 (1999).
14. R. C. Izaurralde, N. J. Rosenberg, R. A. Brown, A. M. Thomson, *Agric. For. Meteorol.* **117**, 97 (2003).
15. A. M. Thomson, R. A. Brown, N. J. Rosenberg, R. C. Izaurralde, V. Benson, *Clim. Change* **69**, 43 (2005).
16. L. H. Allen *et al.*, *Global Biogeochem. Cycles* **1**, 1 (1987).
17. J. D. Cure, B. Acock, *Agric. For. Meteorol.* **38**, 127 (1986).
18. B. A. Kimball, *Agron. J.* **75**, 779 (1983).
19. A. Anand *et al.*, *J. Exp. Bot.* **54**, 1101 (2003).
20. B. Black, *Abstr. Pap. Am. Chem.* **228**, U84 (2004).
21. E. A. Ainsworth *et al.*, *Global Change Biol.* **8**, 695 (2002).
22. D. Whitehead *et al.*, *J. Biogeogr.* **22**, 307 (1995).
23. A. R. McLeod, S. P. Long, *Adv. Ecol. Res.* **28**, 1 (1999).
24. F. Miglietta, M. Lanini, M. Bindi, V. Magliulo, *Global Change Biol.* **3**, 417 (1997).
25. F. W. Lipfert, Y. Alexander, G. R. Hendrey, K. F. Lewin, J. Nagy, *Crit. Rev. Plant Sci.* **11**, 143 (1992).
26. J. Nösberger *et al.*, Eds. *Managed Ecosystems and $CO_2$ Case Studies, Processes, and Perspectives, Ecological Studies*, vol. 187 (Springer, Berlin, 2006).
27. M. R. Shaw *et al.*, *Science* **298**, 1987 (2002).
28. E. A. Ainsworth, S. P. Long, *New Phytol.* **165**, 351 (2005).
29. A. D. B. Leakey, C. J. Bernacchi, F. G. Dohleman, D. R. Ort, S. P. Long, *Global Change Biol.* **10**, 951 (2004).
30. A. D. B. Leakey *et al.*, *Plant Physiol.* **140**, 779 (2006).
31. G. W. Wall *et al.*, *New Phytol.* **152**, 231 (2001).
32. M. J. Ottman *et al.*, *New Phytol.* **150**, 261 (2001).
33. M. R. Ashmore, in *Air Pollution and Plant Life*, J. N. B. Bell, M. Treshow, Eds. (Wiley, New York, 2002), pp. 89–118.
34. P. B. Morgan, T. A. Mies, G. A. Bollero, R. L. Nelson, S. P. Long, *New Phytol.* **170**, 333 (2006).
35. S. P. Long, E. A. Ainsworth, A. D. B. Leakey, P. B. Morgan, *Philos. Trans. R. Soc. London Ser. B* **360**, 2011 (2005).
36. J. S. Amthor, *Field Crops Res.* **73**, 1 (2001).
37. Materials and methods for meta-analyses are available as supporting material on *Science* Online. Full results from the meta-analyses summarized in Table 1 are presented in table S2 with references in appendix S1. $C_4$ crop yield responses to elevated [$CO_2$] are presented in table S3 with references in appendix S2.
38. This work was supported by the Illinois Council for Food and Agricultural Research, Archer Daniels Midland Company, U.S. Department of Agriculture, U.S. Department of Energy (grant DE-FG02-04ER63849), and Illinois Agricultural Experiment Station.

**Supporting Online Material**
www.sciencemag.org/cgi/content/full/312/5782/1918/DC1
Materials and Methods
Tables S1 to S3
References
Appendices S1 and S2

1 March 2006; accepted 15 May 2006
10.1126/science.1114722

图 6.5　结果与讨论示例

## 参考资料：


［1］沈青．论文基本结构系列　引言结构［EB/OL］．(2020-05-07)．https：//zhuanlan.zhihu.com/p/138839188.

［2］citexs 赛特新思．SCI 科技论文的写作要点［EB/OL］．(2021-07-25)．https：//zhuanlan.zhihu.com/p/392816311.

[3] BMCSCI. SCI 写作——结果准备要点[EB/OL]．(2020-04-26)．https：//baijiahao. baidu. com/s? id=1664986523295722128.
[4] 百度百科．Science 亲自示范：在死板的论文结构下，写出编辑眼前一亮的论文[DB/OL]．(2023-11-14)．https：//mbd. baidu. com/newspage/data/landingsuper? pageType=1&rs=529573666&ruk=Qrhq2kCqPcnmB-0yQPRfDg&sShare=1&isBdboxFrom = 1&urlext =% 7B% 22cuid% 22% 3A% 22 _ iStajarva0YavaTlaSefgP3Ht0g8vtQ _ a2auluTSfKk0qqSB%22%7D&sid _ for _ share=57654 _ 2&context =% 7B% 22nid% 22% 3A% 22news _ 10523844454403790700%22,%22sourceFrom%22%3A%22bjh%22%7D.
[5] 百度文库．论文的结论部分[DB/OL]. 2021. https：//wenku. baidu. com/view/39879eceda38376baf1faeec. html? _ wkts _ =1686193874942.

# 第七章

# 论文结论、致谢与参考文献的写作

# 7.1 结论的作用与写作要点

## 7.1.1 结论的作用

结论或结语是对整篇论文的归纳，它可以是中心思想的重申或主要观点的归纳，也可以是某些启示性的解释或考虑，或是在研究结果基础上进行的预测等。是作者通过观察、分析、判断及逻辑推理得出的共同的、本质的、规律性的东西。因此，结论不只是对各部分研究结果的复述，而是整篇论文的结晶。其作用同摘要一样，便于读者阅读及为二次文献总结工作提供方便。结论在结构上要与引言中提出的问题相呼应。

科技论文有自己的固定格式，若按照古诗词起承转合来比照的话，那“起”就是相当于摘要引言，“承”与“转”相当于正文部分，“合”相当于结论。所以结论起到总结全文、提纲挈领的作用。写好结论有助于读者加深对论文的印象，明确论文的主要内容与作者的主要工作。同时对于想在短时间内了解论文梗概的人，比如论文检索等，结论与摘要一样，具有重要的窗口作用。

## 7.1.2 结论的内容

(1) 结论的字数不要太长，一般为300～500字，其内容要点如下：

① 本研究结果说明了什么问题，得出了什么规律性的东西，解决了什么理论或实际问题；

② 对前人有关本问题的看法做了哪些检验，哪些与本研究结果一致，哪些不一致，作者做了哪些修正、补充、发展或否定；

③ 本研究尚未解决的问题及对今后研究方向的设想或建议等。

一个好的结论应该做到两点：一要突出亮点，二要指明方向。突出亮点一般就是要突出论文的创新点，这个创新点可以是来自结果的结论，也可以是来自研究目标或研究方法。指明方向则是要指明本次研究的局限性，如尚未解决的问题，从而对今后的研究方向提出设想或建议。好的结论，亮点和方向，缺一不可。

(2) 不同的论文形式，其结论的内容是不相同的。对于学术性论文，结论应该包括以下内容：

① 阐述作者的研究方法区别于他人的主要特点，即虽然研究目的相似，

但是作者采用了不同的方法，得到了有益的结果；

② 介绍研究工作的结果，有什么新发现，得出了哪些规律性的东西，解决和完善了哪些理论，适用于哪些范围（这种结果应该是客观的事实，而不是空洞的评价）；

③ 提出对今后深入研究的打算，研究中发现的问题等。

（3）对于技术性论文，结论应该包括以下内容：

① 本研究的技术理论或技术成果相比已有的技术理论或成果有哪些先进性；

② 本研究的技术理论或技术成果适用于哪些范围、应具备哪些技术条件等；

③ 本研究的实验结果与实际应用的一致性如何；

④ 对应用的技术有哪些改进和建议。

以上4点，对于不同的内容（或具体的研究对象）可以选择使用，但对于技术性论文第①条是必须的，表明论文具有创新性。

### 7.1.3　结论的写作要点

科技论文的结论应有主次之分，依其重要性递次排列。如果结论的内容较多，可以分条列出，每一条自成一段。一段包括几句话，也可能是一句话。如果结论不多，就不要分条列号。结论里应包括必要的数据，但主要是用文字表达。具体要求如下：

（1）概括准确，结构严谨。

结论是论文的结晶所在，对论文创新内容的概括应当准确、完整，措辞要严谨，只能作唯一的解释，说得清清楚楚，不能模棱两可或含糊其词，既不夸大，也不缩小。肯定与否定都要明确，不用“大概”“也许”“可能是”等一类词语，给读者以似是而非的感觉，或让读者不能确定研究结论。

（2）明确具体，简短精练。

因为结论内容具有相对的独立性，读者往往通过摘要和结论了解论文反映的成果及其价值。因此，结论应提供明确、具体的定性或定量信息。对要点要具体表述，不能用抽象的或笼统的语言，可读性要强。行文要简短，不再展开论述，不对论文中的各段小结作重复。语言要推敲，删去可有可无的词语，如不用“通过理论分析和实验验证得出如下结论”“综上所述有以下结论”等多余表述。

(3) 客观公正，实事求是。

论文的真正价值是通过论文所述的客观事实来体现，由读者来给予评价的。因此不宜用“本研究具有国际先进水平”“本研究属于国内首创”“本研究填补了国内空白”等一类词语来做自我评价。这一点与摘要的要求是一样的。

有的作者得到的结论往往是产生于实验研究之前，而不是之后，实验只是为了印证早已成竹在胸的“结论”。这种做法是违反科学规律的，作者须对自己的研究工作有预测，但是这种预测最后要受到客观的检验和评价。

(4) 只用文字，不用图表。

结论要求用文字表述，一般不用图表或公式。但有些论文，如数学论文很难离开公式，为了说明问题不得不用的，也可通过必要的结果数据或公式来说明事物的客观性。

## 7.2 致谢的写作要点

科学研究工作常常需要多方面的指导帮助才能完成，因此，当科研成果以论文形式发表时，有时需要对他人劳动给予充分的肯定，并郑重地以书面形式表示感谢。

### 7.2.1 致谢写作的内容

第一，感谢别人（实验室同事或者任何其他人）给予的重要技术帮助，还要感谢提供了特殊实验设备或相关材料的个人或组织。可以使用诸如“Thanks are due to J. Jones for assistance with the experiments and to R. Smith for valuable discussion.”（“感谢 J. Jones 对实验给予的协助，感谢 R. Smith 给予的宝贵意见。”）的表达。当然，对科技论文写作有一定经验的人大多知道，这种致谢其实就是指出 Jones 参与了实验、Smith 参与了讨论。

第二，在致谢部分还要感谢接受的经费资助，比如基金、奖学金等。对于发表的期刊论文，致谢的作用主要是补充参与人员以及对于一些机构的感谢。因为学术论文的主要目的是学术研究，致谢应简短且真诚，注意不要过于繁复地感谢各类人员。

对于学位论文，致谢的内容总体上要对帮助过自己的个人、团体或平台等表达感激以及在论文写作过程中的收获。致谢的开头可以简单回顾学习生涯，抑或是论文写作过程中的感受。中间部分一般写要感谢的人和培养单位，他们可以是导师、任课老师、家人、朋友、同学、伴侣等，也可以包括自己，感谢的顺序一般从给你帮助最大的人开始，致谢形式一般是“感谢的人＋事例”。致谢的结尾可以对上述内容进行总结，并对未来作出展望。

论文最后的致谢部分仍属于正文，在论文中引入“致谢”，体现的是作者对他人贡献和帮助的尊重，也是作者个人科研素养、为人处世态度的反映。致谢虽没有明确的字数限制，但不宜过长，简短且真诚是最主要的。对于需要参加盲审的学术论文，致谢中不应出现个人信息、导师信息、学校信息等。

### 7.2.2 致谢写作的要求

被致谢者的条件：

在文后致谢是表示感谢并记录在案的意思。对给予实质性帮助而又不能列为作者的单位或个人应在文后给予致谢。但必须征得被谢人的书面同意。

《科技报告编写规则》（GB/T 7713.3—2014）中规定，对相关工作的开展或科技报告的编写等给予帮助的组织和个人宜致谢，包括：

——国家科学基金、资助研究工作的奖学金基金、合同单位、资助或支持的企业、组织或个人；

——协助完成研究工作和提供便利条件的组织或个人；

——在研究工作中提出建议和提供帮助的人；

——给予转载和引用权的资料、图片、文献、研究思想和设想的所有者；

——其他应感谢的组织或个人。

对于致谢的对象，可直书其名，也可写尊称，加上教授、高级工程师、研究员、博士等专业技术职务（职称）或学位，以示尊敬。其顺序最好依贡献的大小来排列，而不要依年龄、地位排列名次。一般对例行的劳务（如校对等），可以不专门致谢。已经采取其他形式感谢过提供帮助者（如支付过化验费、绘图费、审稿费等劳务报酬），可以不再采用书面形式感谢。

### 7.2.3 致谢写作的原则

（1）明确对致谢对象所做的何种工作表达感谢，包括基金项目、奖学金，合作单位、企业、组织，对论文选题、构思、撰写或修改等给予指导的人员，对考察、实验、观测、分析等做出的某种贡献，或别的什么方面。

（2）致谢内容和致谢用词都必须征得被谢人或被谢单位的同意，因为他们虽然对整个论文不负直接责任，但是，对自己参与的工作部分是有责任的。

（3）使用恰当词语和句式表达谢意，避免因疏忽而冒犯本可接受感谢的个人或组织。

（4）对致谢的内容必须书写清楚，要实事求是，既不任意取舍也不夸张渲染，更不要为“装点论文门面”强拉名人“助威”，也不应该将致谢部分视为资助单位的宣传广告。

（5）致谢用词要简短、恳切、真诚、礼貌，通常仅用一句话表达，对被谢人或单位的情况不必做任何介绍。

（6）表达谢意的主体应该明确，常为本文、本研究、本项目、本团队，或全体作者等，也可为集体中的个体、子集成员，如全体作者中的某位或某几位作者等。

（7）参照拟投期刊对致谢规定的表达形式，如有的期刊要求将基金项目信息单独放在论文首页的脚注中或其他位置，致谢中就不用包含这部分内容。

（8）投稿前应与致谢对象联络、沟通，致谢某人就意味着他赞同论文的观点或结论，但如果只是感谢他的一个具体的思想、建议、解释或别的具体方面，则应特别指出，明确交代。

（9）准确、完整地书写基金项目的名称及其编号，不用缩写项目名称。

### 7.2.4 致谢的常见问题

（1）态度级别的抄袭。

将他人的致谢拷贝到自己的论文之中，仅替换姓名等名词来当作自己的致谢，这属于态度级别的抄袭。

（2）对他人进行不合适的评价。

在致谢中，存在对他人的学术水平和为人进行评价的现象。也许，在不同人看来，这种评价不一定合适。例如，一些人可能认为，作者把自己放在了能对他人学术水平进行评价的高度。

（3）过度致谢。

过度是指夸大其词或无关致谢。

（4）遗漏。

一般不会遗忘致谢那些帮助过自己的人。但是，大多数论文的最终版没有致谢那些给自己提供过有效建议的论文评阅人、答辩委员会成员以及外部专家等。

（5）大发感慨。

在致谢中借机大发感慨，表露情绪。应注意致谢主要用于感谢别人，而不是自己。

## 7.3 参考文献的引用格式

### 7.3.1 参考文献的作用

人类的科学活动，是科技文献的来源，同时，它又成为推动科技发展的重要因素。一项科研活动，总是从利用文献开始，并以创造出新的成果，产生新的文献而终止。科技文献的利用贯穿于科技工作的全过程；从选题开始，需要文献提供学术和应用背景的信息；在研究过程中需要比较借鉴别人的方法、设备、数据，以便证明自己的创新性；在总结成果，撰写研究报告或论文阶段，更需要参考大量的文献。

《中华人民共和国著作权法》第二十四条规定：“在下列情况下使用作品，可以不经著作权人许可，不向其支付报酬，但应当指明作者姓名或者名称、作品名称，并且不得影响该作品的正常使用，也不得不合理地损害著作权人的合法权益：一为个人学习、研究或者欣赏，使用他人已经发表的作品；二为介绍、评论某一作品或者说明某一问题，在作品中适当引用他人已经发表的作品。”

对于一篇完整的学术论文，参考文献的著录是不可缺少的。归纳起来，参考文献著录的目的与作用主要体现在以下 5 个方面：

(1) 著录参考文献可以反映论文作者的科学态度，证明论文具有真实、广泛的科学依据，也反映出该论文的起点和深度。科学技术以及科学技术研究工作都有继承性，现时的研究都是在过去研究的基础上进行的，今天的研究成果或研究工作一般都是前人研究成果或研究工作的继续和发展，因此，在论文中涉及研究的背景、理由、目的等的阐述，必然要对过去的工作进行评价，著录参考文献能表明言之有据，并明白交代出该论文的起点和深度。这在一定程度上为论文审阅者、编者和读者评估论文的价值和水平提供了客观依据。

(2) 著录参考文献能方便地把论文作者的成果与前人的成果区别开来。论文报道的研究成果虽然是论文作者自己的，但在阐述和论证过程中免不了要引用前人的成果，包括观点、方法、数据和其他资料，若对引用部分加以标注，则他人的成果将表示得十分清楚。这不仅表明了论文作者对他人劳动的尊重，而且也免除了抄袭、剽窃他人成果的嫌疑。

(3) 著录参考文献能起索引作用。读者通过著录的参考文献，可方便地检索和查找有关图书资料，以对该论文中的引文有更详尽的了解。

（4）著录参考文献有利于节省论文篇幅。论文中需要表述的某些内容，凡已有文献记载的，可不必详述，只在相应之处注明见何文献即可。这不仅精练了语言，节省了篇幅，而且避免了一般性表述和资料堆积，使论文容易达到篇幅短、内容精的要求。

（5）著录参考文献有助于科技情报人员进行情报研究和文摘计量学研究。

### 7.3.2 参考文献的著录原则

（1）只著录最必要、最新的文献。著录的文献要精选，仅限于著录作者亲自阅读过并在论文中直接引用的文献，无特殊需要不必罗列众所周知的教科书或某些陈旧史料。

（2）只著录公开发表的文献。公开发表是指在国内外公开发行的报刊或正式出版的图书上发表。在供内部交流的刊物上发表的文章和内部使用的资料，尤其是不宜公开的资料，不能作为参考文献引用。

（3）引用论点必须准确无误，不能断章取义。

（4）采用规范化的著录格式。关于文后参考文献的著录格式已有国际标准和国家标准，论文作者和期刊编者都应熟练掌握，严格执行。

（5）参考文献的著录方法。根据《信息与文献 参考文献著录规则》（GB/T 7714—2015）中规定采用“顺序编码制”和“著者-出版年制”两种方法。

### 7.3.3 参考文献的引用格式

按规定，在科技论文中，凡是引用前人（包括作者自己过去）已发表的文献中的观点、数据和材料等，都要对它们在文中出现的地方予以标明，并在文末列出参考文献表。在正文中引用参考文献的地方加一个标记，称为参考文献的标注。

1. 参考文献在文内的标注格式

采用顺序编码制时，对引用的文献，按它们在论文中出现的先后顺序用阿拉伯数字连续编码，将序号置于方括号内，并视具体情况把序号作为上角标，或者作为语句的组成部分。

在引用参考文献的地方加标记，这个标记是用方括号括起来的阿拉伯数字，其中的阿拉伯数字是文献的顺序号。比如，在引用第 25 个文献的地方所加的标记为［25］。

给文献编序号要注意以下两点：一是只有文献第一次在文中出现时编序号，一篇文献只有一个序号，即使某文献在文中被多次引用，但在几个引用处都要标注同一个序号。二是以文献第一次出现的前后次序，从 1 开始连续编序号，例如，第一个第一次出现的文献序号为 1，第二个第一次出现的文献序号为 2，……

如果文献的作用是对正文做解释，标注时文献序号连同方括号都要比正文字号小，并把它们放在右上方（作为上角标）；如果文献是作为句子的成分出现在正文之中，标注时文献序号连同方括号的字号要与正文的字号相同，并且把它们作为正文的一部分来书写（位置与正文平齐，不作为上角标）。

如果在正文的一处引用了多篇文献，标注时只用一个方括号，括号内列写这几篇文献的序号。若几个序号是连续的，只标注起、止序号，两序号之间加短横线；若几个序号不连续，各序号之间加逗号。

2. 参考文献著录项目

（1）主要责任者。是指对文献的知识内容负主要责任的个人或团体，包括专著作者、论文集主编、学位申请人、专利申请人、报告撰写人、期刊文章作者、析出文章作者等。多个责任者之间以“,”分隔，责任者超过 3 人时，只著录前 3 个责任者，其后加“等”字（英文用 et al ）。注意在本项数据中不得出现缩写点“.”。主要责任者只列姓名，其后不加“著”“编”“合编”等责任说明文字。外文主要责任者用原著，采用姓在前名在后的著录形式。

（2）文献名及版本（初版省略）。文献名包括书名、论文题名、专利题名、析出文献题名等。文献名不加书名号“《》”。

（3）文献类型及载体类型标识。根据《信息与文献 参考文献著录规则》（GB/T 7714—2015）规定，以英文大写字母方式标识以下各种参考文献类型：普通图书［M］，会议录［C］，报纸［N］，期刊［J］，学位论文［D］，报告［R］，标准［S］，专利［P］。对于其他未说明的文章类型，建议采用单字母“Z”。

电子文献类型与载体类型标识基本格式为［文献类型标识/载体类型标识］。例如：

［DB/OL］——联机网上数据（database online）

［DB/MT］——磁带数据库（database on magnetic tape）

［M/CD］——光盘图书（monograph on CD-ROM）

[CP/DK] ——磁盘软件（computer program on disk）

[J/OL] ——网上期刊（serial online）

[EB/OL] ——网上电子公告（electronic bulletin board online）

以纸张为载体的文献在引作参考文献时不必注明其载体类型。

（4）出版事项（出版地、出版者、出版年、卷期号等）。出版地指出版者的城市名，对于同名异地或不为人们所熟悉的城市，可在其名前附加省名、州名、国名等。出版者中包含了地名，出版地不能省略，如，“北京：北京大学出版社”，不能写成“北京大学出版社”。出版者为出版社名，可按来源的形式著录，也可以按公认为的简化形式缩写形式著录，如 IRRI（原标识 International Rice Research Institute）。出版年采用公元纪年，并用阿拉伯数字著录，如遇其他纪年形式时，可将原有的纪年置于“（ ）”内，如 1705（康熙四十四年）。对于报纸和专利文献，要著录出版日期，其形式为 YYYY-MM-DD。对于期刊的出版年份、卷号（期号）著录有以下 3 种形式：1980，92（2）：年，卷（期）；1985（4）：年（期）；1987，5：年，卷。

（5）文献出处或电子文献可获得地址。

（6）参考文献起止页码。参考文献著录的最末一项一般为“页码”，指引文所在的位置编码。应著录引文所在的起始页码或起止页码，如为起止页，则在两个数字之间用“-”号（原来用“～”号）连接。如：10－12。若论文中多次引用同一文献上的多处内容，则应依次著录相应的引文所在起始页码或起止页码，各次之间用“，”相隔。例如：1987：25－30，40，101－120。

3. 文后参考文献表排写格式

参考文献按在正文中出现的先后次序列表于文后，表上以“参考文献”居中排作为标识。参考文献的序号左顶格，并用数字加方括号表示，如 [1]，[2]，……，以与正文中的指示序号格式一致。每一参考文献条目的最后均以“.”结束。各类参考文献条目的编排格式及示例如下：

（1）专著、论文集、学位论文、报告

[序号] 作者 1，作者 2，作者 3，等.（注：作者姓名写到第三位，余者写“等.”，下同）文献题名 [文献类型标识].出版地：出版者，出版年：起止页码（任选）.

示例：

[1] 朱蓓丽. 环境工程概论 [M]. 北京：科学出版社，2001：15-18.

[2] 辛希孟. 信息技术与信息服务国际研讨会论文集：A 集 [C]. 北京：中

国社会科学出版社，1994.

［3］张思文．河长制水污染治理作用机制研究［D］. 大连：东北财经大学，2022.

［4］冯西桥．核反应堆压力管道与压力容器的 LBB 分析［R］. 北京：清华大学核能技术设计研究院，1997.

(2) 期刊文章

［序号］作者 1，作者 2，作者 3，等．文献题名［J］. 刊名，年，卷（期）：起止页码．

示例：

［1］李轶．河长制的历史沿革、功能变迁与发展保障［J］. 环境保护，2017，45（16）：7-10.

［2］张焕军，王席席，李轶．水体中抗生素污染现状及其对氮转化过程的影响研究进展［J］. 环境化学，2022，41（04）：1168-1181.

(3) 论文集中的析出文献

［序号］作者 1，作者 2，作者 3，等．析出文献题名［C］//原文献主要责任者（任选）．原文献题名．出版地：出版者，出版年：析出文献起止页码．

示例：

［1］钟文发．非线性规划在可燃毒物配置中的应用［C］//赵玮．运筹学的理论与应用——中国运筹学会第五届大会论文集．西安：西安电子科技大学出版社，1996：468-471.

(4) 报纸文章

［序号］作者 1，作者 2，作者 3，等．文献题名［N］. 报纸名，出版日期（版次）．

示例：

［1］李禾．防治污染，让微生物“吃掉”有害气体［N］. 科技日报，2023-05-11（006）．

(5) 国际、国家标准

［序号］标准编号，标准名称［S］.

示例：

［1］GB 3838—2002，地表水环境质量标准［S］.

(6) 专利

［序号］专利所有者．专利题名［P］. 专利国别：专利号，出版日期．

示例：

［1］李铁，熊心妍，张弛，等．一种富营养化河湖的底泥覆盖材料及其制备方法和使用方法［P］. 江苏省：CN113072057A，2021-07-06.

（7）电子文献

［序号］作者1，作者2，作者3，等．电子文献题名［电子文献及载体类型标识］．发表或更新日期/引用日期（任选）．电子文献的出处或可获得地址.

示例：

［1］徐卫星．固废循环利用产业联盟成立，推动行业向产业化发展［EB/OL］.（2016-04-25）．https：//huanbao. bjx. com. cn/news/20160425/727557. shtml.

［2］万锦坤．中国大学学报论文文摘（1983—1993）．英文版［DB/CD］. 北京：中国大百科全书出版社，1996.

（8）各种未定义类型的文献

［序号］作者1，作者2，作者3，等．文献题名［Z］. 出版地：出版者，出版年.

## 7.4 案例分析

（1）结论案例分析

In this study, we established a novel denitrification system consisting of microbial denitrification enhanced by time-delayed photocatalysis. The system showed excellent nitrate removal performance in dark environment compared with the conventional denitrification system because the dark photocatalyst (NCN-$CN_x$ material) could store photogenerated electrons and release them by a co-catalyst (graphene) as needed.

In addition, the mechanisms underlying the novel denitrification system were explored and elucidated. The major conclusions are drawn as i) a 77% maximum removal efficiency and a nitrate removal rate of 73.28 μg N · $h^{-1}$ were achieved in the reaction group with NCN-$CN_x$ and graphene, which were nearly 4.8-times and 3.1-times higher than that of the photocatalysis group and the microbial group, respectively; ii) the enzyme activities including NAR, NIR and CAT were enhanced in the reaction group, indicating that the dark photocatalyst had positive effects on microbes in the denitrification system; iii) dark photocatalyst can impact the nitrate removal process primarily by enhancing the electron transfer efficiency, as indicated by the results of the electrochemical tests and the enhanced ETSA; iv) and the abundances of some denitrification bacterial strains (e.g. *Sphingomonadaceae*, *Xanthomonadaceae*, and *Cyclobacteriaceae*) in the river sludge were increased in the presence of NCN-$CN_x$, which could utilize the photo-excited electrons from NCN-$CN_x$ to accelerate the nitrate reduction.

The obtained results can facilitate future studies of the applications of the time-delayed denitrification system to engineering.

该案例首先对研究主题进行了总结并强调了本研究的优越性。其次使用"The major conclusions are drawn as …"引出本文的研究内容、机理和结果，分点阐述，逻辑清晰。最后，对本研究在实际应用方面的意义进行一句话阐述。

（2）致谢案例分析

ACKNOWLEDGMENTS

The content is solely the responsibility of the authors. We really appreciate Prof. Rong Zhang from Hebei Medical University and Prof. Jianjun Li from Institute of Earth Environment, Chinese Academy of Science for sampling $PM_{2.5}$ samples from Shijiazhuang and Xian. This study was supported by grants from the National Natural Science Foundation of China (No. 91643106, 91843301, 21477024 and 21527814), United States National Science Foundation (NSF, CAREER CBET－0953633 and CBET－1440764), National Institute of Environmental Health Sciences (NIEHS) (PROTECT P42ES017198 and CRECE P50ES026049).

致谢中感谢了对本研究中样品采集提供帮助的研究人员，以及为本研究提供经费支持的基金项目和组织。

## 参考资料：

[1] 庄庆德. 结论、参考文献与最终检查 [DB/OL]. (2012-11-08). https://www.doc88.com/p-119694101360.html.

[2] 百度文库. 本科毕业论文提纲写作方法 [DB/OL]. 2021. https://wenku.baidu.com/

view/2c3d70bbe65c3b3567ec102de2bd960591c6d915. html? _wkts_ =1686192262940.

[3] 医学论文. SCI论文致谢部分的注意事项 [EB/OL]. (2019-08-08). https://zhuanlan. zhihu. com/p/77198176.

[4] PaperYY论文查重. 如何快速搞定论文参考文献 [EB/OL]. (2019-09-05). https://zhuanlan. zhihu. com/p/81243341.

[5] ZHOU X Y, ZHANG C, LI Y. Time-delayed photocatalysis enhanced microbial nitrate reduction *via* solar energy storage in carbon nitrides [J]. Chemical Engineering Journal, 2021, 417: 127904.

[6] XIE S, GUA Z, CEN T, et al. The effect and mechanism of urban fine particulate matter (PM 2.5) on horizontal transfer of plasmid-mediated antimicrobial resistance genes [J]. Science of the Total Environment, 2019, 683: 116-123.

# 第八章

# 论文写作注意事项

# 8.1　论文中数据和单位的规范表达

## 8.1.1　数字的规范表达

公元8世纪左右，阿拉伯数字即随佛学逐渐传入中国，但未被推广使用。直至清光绪元年（1875年），在首版的《笔算数学》中首次对引进的阿拉伯数字作了介绍及使用。现在阿拉伯数字已经成为科研数据的重要表现形式，是科研工作者的“亲密朋友”。写作一篇规范的论文，需要做到数字用法正确、规范统一，这也展现出作者良好的科研写作素养。

1. 总原则

在科技论文写作中，凡是可以使用阿拉伯数字，而且又得体的地方，均应使用阿拉伯数字。

1）应使用阿拉伯数字的场合

（1）公元世纪、年代、年、月、日、时刻。

世纪、年、月、日：20世纪90年代、2021年9月10日；其中，“2021年9月10日”可以写作“2021-09-10”　“20210910”，不能写作“2021 09 10”“2021—09—10”。

年份：年份不能简称，“98年”“21年”应写作“1998年”“2021年”；“2010—2021”不能写作“2010—21年”。

时刻：“18时6分27秒”可写作“18：06：27”，用中文冒号“：”分隔，不能用“18 h 6 min 27 s”表示，因为“18 h 6 min 27 s”意为耗时18个小时6分钟27秒，这是时间计量，而非表示时刻。

综合示例：“2021年9月10日18时6分27秒”可以表示为“2021-09-10T18：06：27”或者“20210910T180627”。

（2）物理量量值必须用阿拉伯数字。

例如：1 m，2 d，25 ℃，600余t（600余吨），12.5 $m^2$，60 mg·$kg^{-1}$。

（3）非物理量的量词（计数单位）前面的数字。

例如：1篇论文，3个平行样品，5组数据，实验重复10次。

特例：关于“1”的使用。

一般使用“1”均是合适的，但有些情况不宜使用，当用“一”以外的数字代替“一”时内容仍合情合理，则用“1”，否则，必须用“一”。例如：“随机选取1个样品用于实验”，这里的“1个”可以用其他的阿拉伯数字代替；“这是一条颠扑不破的真理”中的“一条”则必须用汉字。

(4) 其他。

其他应使用阿拉伯数字的场合包括诸如计数的数字（5，－5，2/5，98.66%等），元件、仪器型号、样品编号、标准代号及其他序号，文后参考文献（古籍除外）著录中的数字等。

2）应使用汉字数字的场合

(1) 定型的词、词组、成语、惯用语、缩略词或者具有修辞色彩的词语中作为语素的数字，必须用汉字。例如：二元一次方程，六十四边形，三氧化二铁，二极管，三相电，五倍子，十二指肠，星期四，第一作者，十九届五中全会。

(2) 相邻2个数字并列连用表示的概数，必须使用汉字数字，且连用的2个数字之间不得加顿号“、”。例如：一两千米，十二三公顷，七八十岁，二百六七十万。

此外需要注意区分2个数字并列连用不是表示概数，而是表示确定数字的情形。例如：“气温最高的月份是7、8月”此处数字间加“、”，且用阿拉伯数字。

(3) 带有“几”字的数字表示概数。例如：十几，几百，六百几十，几百万分之一。

(4) 中国及世界各国、各民族的非公历纪年。例如：八月十五中秋节，清咸丰十年九月二十五日（1860年11月7日）。

(5) 含有月日简称表示事件、节日和其他特定含义的词组中的数字。例如：五四运动，九一八事变，十一国庆节。

3）用阿拉伯数字表示的数值的书写规则

(1) 书写多位数字（包括运算公式中的数字），建议采用三位分节法。例如：2 613、3.141 592 6、20 360.342 1，千分空。此处仅用二分之一个阿拉伯数字的空隙分隔，而不用逗号“,”或“,”分隔。

(2) 文字叙述和图表中，纯小数的小数点前用来定位的“0”不能省略，例如：0.96不能写作.96。

(3) 阿拉伯数字不能与除万、亿及SI词头中文符号外的汉字数词连用。万、亿是中文习惯用的数词，当数值较大时可以改写为用万、亿表示的数。例如：“十六亿九千三百万”可以改写为“169 300万”或“16.93亿”，但不能写作“16亿9千3百万”；“9 600 000千瓦”可以改写为“960万千瓦”或

“960 万 kW”，但不能写作“9 百 60 万千瓦”。

当百、千、兆等为法定单位词头时，可以与阿拉伯数字连用。例如：“5 000 米”可以写作“5 千米”，这里的“千”是词头“k”的中文符号；但“5 000 元”不能写作“5 千元”，因为“元”是不允许加词头的，“5 千元”中的“千”是数词，它不能与阿拉伯数字连用。

（4）数值的有效位数应全部写出。例如：一组有 3 位有效数字的质量值“0.250、0.500、0.750 g”不能写作“0.25、0.5、0.75 g”，此处不能舍弃有效数字“0”。

4）数值（量值）范围和公差等的表示

（1）数值（量值）范围的表示。

① 数值范围号采用波浪号“～”

一字线“—”与波浪号“～”都是数值范围号，但因为一字线“—”容易与减号“－”和化学键号“—”混淆，故建议用“～”表示数值范围。当然也有例外情况，当表示绝对时间范围时，需用一字线“—”，如“2001—2021 年”，此处不能写作“2001～2021 年”。而表示相对时间范围时，仍需用波浪号“～”，如“实验时间为 2 至 3 年”可以写作“实验时间为 2～3 年”。

② 书写百分数范围，每个百分数后面的“%”都要重复写出。

例如：“18%～27%”不得写作“18～27%”，因为后者会被误解为“18～0.27”。

③ 书写用万或亿表示的数值范围，每个数值中的万和亿不得省略。

例如：“2 万～6 万”不得写作“2～6 万”，因为后者会被误解为“2～60 000”。

④ 书写具有相同幂次的数值范围，每个数值中的幂次都要重复写出。

例如：“$3\times10^3$～$6\times10^3$”不得写作“3～$6\times10^3$”，因为后者会被误解为“3～6 000”，但可以写作“（3～6）$\times10^3$”。

⑤ 单位相同的量值范围，前一个量值的单位可以省略，只需在后一个量值上写出单位。

例如：“10 mol · $L^{-1}$～25 mol · $L^{-1}$”可以简写为“10～25 mol · $L^{-1}$”。但也有例外，如：“10°～20°”不能写作“10～20°”。

⑥ 书写单位不完全相同的量值范围，每个量值的单位应全部写出。

例如：“3 h～3 h 30 min”不得写作“3～3 h 30 min”，可以写作“3～3.5 h”。

(2) 公差的表示。

① 参量与其公差的单位相同时，单位可以只写 1 次。

例如："18.9 mm±0.2 mm" 可以写作 "(18.9±0.2) mm"，但不可写作 "18.9± 0.2 mm"。需要特别指出的是，当公差用百分数表示时，如 "25 mol·L$^{-1}$ ±2%" 是不规范的表达，可以表达为 "25× (1±0.02) mol·L$^{-1}$"。

② 表示 2 个绝对值相等、公差相同的量值范围时，范围号不能省略。

例如："(−6±0.5) ～ (6±0.5) ℃" 不得写作 "∓6±0.5 ℃" 或 "±6±0.5 ℃"。

③ 附带单位的量值相乘表示面积、体积的书写方法。

例如："30 mm×40 mm" 不应写作 "30×40 mm"，也不能写作 "30×40 mm$^2$"；"30 mm×40 mm×50 mm" 不应写作 "30×40×50 mm"，也不能写作 "30×40×50 mm$^3$"。

④ 一组计量单位相同的量值的表示方法。

一组量值的单位相同时，可以只在最末一个量值写出单位，其余量值的单位省略。例如："0.1 mol·L$^{-1}$、0.2 mol·L$^{-1}$、0.4 mol·L$^{-1}$、0.8 mol·L$^{-1}$、1.6 mol·L$^{-1}$" 可以简写为 "0.1、0.2、0.4、0.8、1.6 mol·L$^{-1}$"。此处，各量值间点号可以用 "、"，也可以用 ","，但全文应统一。

5) 有关数字的其他问题

(1) 数值增加、减少的正确表示。

① 数值的增加可以用倍数和百分数表示。

例如：

增加了 5 倍，即原来为 1，现在为 6；

增加到 5 倍，即原来为 1，现在为 5；

增加了 80%，即原来为 1，现在为 1.8。

② 数值的减少只能用百分数或分数表示，不能用倍数表示。

例如：

降低了 40%，即原来为 1，现在为 0.6；

降低到 40%，即原来为 1，现在为 0.4；

降低了 1/5，即原来为 1，现在为 0.8。

(2) 正确使用数值前后表示概数的词。

"约" "近" "左右" "上下" 等词不能并用。例如："气温约为 25 ℃左右"，可以改为 "室温约为 25 ℃" 或 "室温为 25 ℃左右"。

“最大”和“最小”不应与概数连用。例如：“最高气温为 20～30 ℃”，这样表达不合逻辑。

### 8.1.2　计量单位的规范表达

为进一步统一计量单位，规范物理量的名称和符号，我国国家计量局颁布了一系列量和单位的国家标准，包括《国际单位制及其应用》（GB 3100—1993）、《有关量、单位和符号的一般原则》（GB/T 3101—1993）以及量和单位系列标准（GB 3102.1～GB 3102.13），以国际单位制（SI）为基础的我国法定计量单位体系已全面推行并逐步完善。我国法定计量单位使用规范的主要要求包括 2 个方面：物理量（量）的名称、符号及其使用规则；单位的名称、符号及其使用规则。

1. 量名称

量，也称物理量，是用于定量地描述物理现象的。量都有其各自的名称。GB 3102.1 到 GB 3102.13 中共列出了 614 个量，并遵循我国已广泛使用的习惯，为它们规定了名称，这些名称被称为“标准量名称”。对于量名称的使用应注意以下几点：

（1）不要使用废弃的量名称。

为准确描述科研过程和科研成果，应依据国家标准和规范，使用准确的物理量名称（特殊行业除外）。表 8.1 为常用物理量名称示例。

**表 8.1　常用物理量名称示例**

| 正确 | 错误 |
| --- | --- |
| 质量 | 重量 |
| 体积质量，（质量）密度；相对体积质量，相对（质量）密度 | 比重 |
| 质量热容，比热容 | 比热 |
| 电流 | 电流强度 |
| 原子（分子）质量，相对原子（分子）质量 | 原子（分子）量 |
| 物质的量 | 摩尔数（克当量） |
| 质量分数 | 重量百分数（质量百分比浓度） |
| 体积分数 | 体积百分比浓度（体积百分含量） |
| 粒子注量 | 粒子剂量 |
| （放射性）活度 | 放射性强度（放射性） |

（2）注意计数量名称和物理量名称的区别，不要使用自造的量名称。

如：张数为计数量名称，是规范的；米数是物理量名称，其不作为物理量名称使用，是不规范的。论文写作中，常见的自造量名称如表 8.2 所示。

**表 8.2 常见自造量名称示例**

| 规范 | 不规范 |
|---|---|
| 长度 | 米数 |
| 功率 | 瓦数 |
| 时间 | 秒数 |

（3）量名称的写法应全文统一，应使用推荐或建议使用的量名称。在论文写作过程中，应注意一些物理量名称的写法，不仅应书写正确，而且也要做到全文统一。表 8.3 为量名称写法统一示例。

**表 8.3 量名称写法统一示例**

| 推荐 | 不推荐 |
|---|---|
| 角频率 | 圆频率 |
| 弹性模量 | 杨氏模量 |
| 摩擦因数 | 摩擦系数 |
| 热力学能 | 内能 |
| 电通［量］密度 | 电位移 |
| “［动力］黏度”“运动黏度” | “［动力］粘度”“运动粘度” |

注：因标准修订时“黏”简化为“粘”，现据“‘粘’旧同‘黏’”，应改为“黏”。

2. 量符号

（1）量符号通常使用斜体，几种量符号使用斜体的情况要牢记。

① 国标中固定的符号、变量与无固定意义的函数，如：符号 $T$（热力学温度）、$p$（压力）、$v$（速度）、$m$（质量）；变量 $x$、$y$，$\alpha$、$\beta$、$\gamma$；函数 $f$ ()、$g$ () 等。

② 视为常数的参数，如：$a$、$b$、$c$。

③ 几何图形中表示点、线、面的字母，如点 $C$、线段 $AB$、$\triangle ABC$、平面 $ABC$。

④ 坐标系符号，如：笛卡尔坐标 $x$、$y$、$z$；圆柱坐标 $\rho$、$\Phi$、$z$；球坐标 $r$、$\theta$、$\Phi$ 等。

（2）量符号一般为单个拉丁字母或希腊字母，并用斜体表示，如：物质

的浓度 $c$，压力 $p$，质量 $m$ 等；描述传递现象的特征数由 2 个字母组成并一律用斜体（pH 除外），如：雷诺数 $Re$，普朗特数 $Pr$ 等。

（3）量符号的大小写代表不同的量名称。如：大写字母 $V$ 代表体积，小写字母 $v$ 代表速度；大写字母 $P$ 代表功率，小写字母 $p$ 代表压力。

（4）几个单词的缩写字母不能作为量符号，应根据情况进行修改。如 BW（体重）不能作为量符号出现在公式中（在正文中可以使用），建议修改为 $m_{\mathrm{b}}$（体质量）。其中：$m$ 为质量的量符号，使用斜体；b 为下角标，使用正体，作为对质量的进一步说明。

（5）不能把化学元素符号作为量符号使用。

如 $CO_2 : O_2 = 1 : 5$ 的表示是不规范的，应视要表达的内容进行相应修改。

如指质量比，应为 $m(CO_2) : m(O_2) = 1 : 5$。

如指体积比，应为 $V(CO_2) : V(O_2) = 1 : 5$。

如指物质的量比，应为 $n(CO_2) : n(O_2) = 1 : 5$。

如指浓度比，应为 $c(CO_2) : c(O_2) = 1 : 5$，或写成 $[CO_2] : [O_2] = 1 : 5$。

还有常见地把元素或分子式等符号后加“%”当作量符号使用，如 $MnO_2\% = 58.4\%$，是不正确的。这里指的是 $MnO_2$ 的质量分数，规范的表示应为 $\omega(MnO_2) = 58.4\%$。此外，如 wt%，vot%，mol%等都属于不规范的符号，它们的规范符号分别为质量分数 $\omega$，摩尔分数 $x$ 或 $y$。

（6）不能把量符号作为纯数使用。例如：“长度为 $l$ cm”“时间为 $t$/s”（这里 $l$ 和 $t$ 分别是“长度”与“时间”的量符号），这种表达方式是不对的。

（7）在量和单位的符号后面不能附加圆点（正常的句子末尾的句号除外），因为它们不是缩略语。若非表示两个单位相乘，在符号间不得留空隙，更不能夹杂有其他符号或数字。

（8）在表示量值的和或差范围时，应分别写出单位或加括号将数值组合。如：(25+2)℃不应写作 25+2℃。国标规定单位符号应写在全部数值之后，并在其与数值之间留适当空隙，唯一例外是平面角的单位符号“°”“′”“″”，符号与数值之间不留空。

3. 单位名称

科技论文中不要使用单位的中文名称或符号，例如：

“14 平方米”应修改为“14 $\mathrm{m}^2$”；“河道蓝线外 20 米”应修改为“河道蓝线外 20 m”；“400 平方公里”应修改为“400 $\mathrm{km}^2$”；“1 吨”应修改为“1 t”。

4. 单位符号

（1）单位符号中的字母均应使用正体，同时应注意字母大小写。国家标准中给定了单位的国际符号、中文符号及使用原则，同时也规定了可与 SI 单位并用的我国法定计量单位及符号（见表 8.4）。

**表 8.4 可与 SI 单位并用的我国法定计量单位**

| 量（符号） | 单位名称 | 单位符号 |
|---|---|---|
| 时间（$t$） | 日（或天）、小时、分 | d、h、min |
| 体积（$V$） | 升 | L（l） |
| 质量（$m$） | 吨 | t |
| 能 | 电子伏 | eV |
| 长度 | 海里 | n mile |
| 转速 | 转每分 | r/min |
| 级差 | 分贝 | dB |
| 面积（$A$） | 公顷 | $hm^2$ |

“单位符号永远不变，绝对不能对单位符号进行修饰”，这是计量单位国际化的一条重要原则。单位符号没有复数形式，也不能在单位符号上附加表示量的特性和测量过程信息的标志。

（2）停止使用废弃单位。所有市制单位、公制单位（除公斤、公里、公顷外的“公”字头单位）、英制单位及其他非法定单位，如“千克力、标准大气压、卡、马力”，这些单位均应停止使用。

（3）不能使用英文单词缩写作为单位（见表 8.5）。

**表 8.5 英文单位缩写规范**

| 单位 | 规范 | 不规范 |
|---|---|---|
| 秒 | s | sec |
| 勒［克斯］ | lx | lux |
| ［小］时 | h | hr |
| 焦［耳］ | J | Joule |
| 转每分 | r/min | rpm |
| 摩尔 | mol | mole |

（4）常用不规范单位的换算关系如下：

1 ppm$=1\times10^{-6}$，1 μg/g，1 mg/kg 等（在换算时，应视具体情况选择

不同的单位）。

1 亩≈666.67 $m^2$。

浓度，1 M=1 mol/L。

大卡，1 kcal=4.186 8 kJ。

西西，1 cc=1 mL。

标准大气压，1 atm=101.325 kPa。

千克力，1 kgf=9.806 65 N。

吨力，1 tf=9.806 65 kN。

毫米汞柱，1 mmHg=133.322 Pa。

毫米水柱，1 $mmH_2O$=9.806 65 Pa。

（5）单位中不能有修饰性名词，例如：

电流 $I$=10 Aexp 应改为电流 $I_{exp}$=10 A。

0.15 mg（Pb）/L 应改为 $\rho$（Pb）=0.15 mg/L，或 Pb 的质量浓度为 0.15 mg/L。

Ca 为 23%（m/m）应改为 $w$（Ca）=23%，或 Ca 的质量分数为 23%。

标准立方米“$m^3n$”“$Nm^3$”应改为“$m^3$”。

（6）词头的使用规范。

词头是为了避免过大或过小的数值而加在 SI 单位之前构成十进倍数或分数单位的因数符号。词头后量的数值一般要处于 0.1～1 000 之间。

词头符号一律采用正体字母，注意区分词头符号的大小写，表示的因数不小于 10 的词头用大写体，表示的因数不大于 10 的词头用小写体，具体参见表 8.6。

应注意区分词头符号的大小写，如 M（$10^6$）与 m（$10^{-3}$）的区别等。词头符号与单位符号之间不留千分空，如“5 GHz”，不能写成“5 GHz”。词头不可独立使用，如“内存容量为 5 G”应改为“内存容量为 5 GB”。词头不可重叠使用，如“5 kMW”应改为“5 GW”。一般不在组合单位的分子分母同时加词头，如“kV/mm”应改为“MV/m”。

**表 8.6 SI 词头符号**

| 因数 | 词头中文名称 | 词头符号 | 因数 | 词头中文名称 | 词头符号 |
|---|---|---|---|---|---|
| $10^{30}$ | 昆 | Q | $10^{-1}$ | 分 | d |
| $10^{27}$ | 容 | R | $10^{-2}$ | 厘 | c |
| $10^{24}$ | 尧 | Y | $10^{-3}$ | 毫 | m |

续表

| 因数 | 词头中文名称 | 词头符号 | 因数 | 词头中文名称 | 词头符号 |
|---|---|---|---|---|---|
| $10^{21}$ | 泽 | Z | $10^{-6}$ | 微 | μ |
| $10^{18}$ | 艾 | E | $10^{-9}$ | 纳 | n |
| $10^{15}$ | 拍 | P | $10^{-12}$ | 皮 | p |
| $10^{12}$ | 太 | T | $10^{-15}$ | 飞 | f |
| $10^{9}$ | 吉 | G | $10^{-18}$ | 阿 | a |
| $10^{6}$ | 兆 | M | $10^{-21}$ | 仄 | z |
| $10^{3}$ | 千 | k | $10^{-24}$ | 幺 | y |
| $10^{2}$ | 百 | h | $10^{-27}$ | 柔 | r |
| $10^{1}$ | 十 | da | $10^{-30}$ | 亏 | q |

部分单位不能与 SI 词头组合构成十进倍数或分数单位，这类单位包括：摄氏温度单位℃、热力学温度单位 K、平面角单位“°”“′”“″”、时间单位 h、d、min 以及量纲一的量的单位（符号为 1）。

组合单位的倍数单位一般只用 1 个词头，并尽量用于组合单位的第一个单位，这是组合单位加词头的一条总原则。具体规则如下：对通过单位相乘构成的组合单位，词头通常加在第一个单位前；对通过单位相除或乘除构成的组合单位，词头一般应加在分子的第一个单位前，分母一般不加词头；当组合单位的分母为长度、面积、体积单位或分子为 1 时，分母可以按习惯与方便选用某些词头。

### 8.1.3　字母正斜体的规范表达

科技论文中，外文字母（主要为英文、希腊字母）的使用极为普遍，并且存在大小写、正斜体、黑白体之分，使用时必须严格遵循一定的规则。若不注意区分，则会产生歧义，造成混乱，甚至出现严重的错误。外文字母正斜体的总原则为：表示变量（矢量、张量）的字母（单个字母）用斜体；确定的符号、词汇缩写、字母组合、单位等用正体。

1. 正体

(1) 所有计量单位、词头和量纲符号应采用正体。

① 计量单位：kg（千克），s（秒），m（米），L（升），A（安），mol（摩尔）等。

② 词头：M（兆），k（千），m（毫），μ（微）等。

③ 量纲：L（长度），M（质量），T（时间）等。

（2）数学式中要求正体的字母。

① 有固定定义的函数，例如：三角函数 sin，cot；指数函数 exp；对数函数 lg，ln；双曲函数 tanh 等。

② 有固定取值的数学常数符号，例如：自然对数的底 e=2.718 281 8…，圆周率 π=3.141 592 6…。

③ 某些特殊算子符号，例如：div（散度），Δ（拉普拉斯算子），grad（梯度），rot（旋度）等。

④ 运算符号，例如：∑（加和），n（求积），d（微分号），∂（偏微分号），Δ（有限增量符号）等。

⑤ 有特定意义的缩写字母，例如：max（最大），lim（极限），T（转置符号），const（常数），ASA（角边角）等。

⑥ 特殊函数符号，在《物理科学和技术中使用的数学符号》(GB 3102.11—93)中共列出 23 个特殊函数，例如：B（贝塔函数），Γ（伽玛函数）等。

（3）化学和物理符号应采用正体。

① 化学元素、粒子和射线符号，例如：H（氢），$\mathrm{CuSO_4}$，e（电子），X 射线，γ 射线，α 射线等。

② 酸碱度、硬度等特殊符号，例如：pH，洛氏硬度 HR 等。

（4）其他使用正体的情况。

① 量符号中，具有特定含义的字母下标，例如：$M_{\mathrm{r}}$（相对分子质量，下标 r 为 relative 的缩写），$U_{\mathrm{cor}}$（电压修正值，cor 为 correction 缩写）等。

② 不表示量符号的外文缩写，例如：N（North，北），GIS（地理信息系统），SEM（扫描电子显微镜），XRD（X 射线衍射），$\mathrm{PM_{2.5}}$（可吸入颗粒物）等。另外，当采用组合字母表示变量符号时，建议采用正体，且大写，如 WS（Wind Speed，风速），RH（Relative Humidity，相对湿度）等。

③ 生物学中拉丁名的定名人和亚族（含亚族）以上的学名，例如：真核域（Eukarya）、动物界（Animalia）、脊索动物门（Chordata）、脊椎动物亚门（Vertebrata）、哺乳纲（Mammalia）、真兽亚纲（Eutheria）、灵长目（Primates）、人科（Hominidae）。

④ 地球科学中的地质时代和地质学符号，例如：$\mathrm{Q_h}$（全新世），$\mathrm{D_3}$（晚泥盆世），al（冲积）等。

⑤ 表示序号的连续字母，例如：附录 A，附录 B，图 5a，图 5b 等。

2. 斜体

斜体（Italics），是英文写作中常见的字体格式，也是学术写作中用来表示强调的标准形式。那么，在科技论文中，外文字母斜体除了表示强调之外，还承载着哪些功能？又有哪些应用场合？

总体而言，外文字母斜体的使用规则和适用情况如下：

（1）当采用单个字母表示变量符号时字母要用斜体，例如：*T*（热力学温度），*t*（时间），*m*（质量），*V*（体积），*v*（速度）等。当采用组合字母表示变量时，建议采用正体，且大写，例如：WS（Wind Speed，风速）、RH（Relative Humidity，相对湿度）等。

（2）描述传递现象的特征数符号应用斜体，例如：表示动量传递的雷诺数 *Re*、欧拉数 *Eu*、马赫数 *Ma*、韦伯数 *We*、克努森数 *Kn* 等，表示热量传递的傅里叶数 *Fo*、瑞利数 *Ra*、努塞尔数 *Nu* 等，以及物性常数普朗特数 *Pr*、施密特数 *Sc*、路易斯数 *Le* 等等，共计 35 个。

（3）数学中要求使用的斜体字母。

① 变数及函数，例如：函数 *y*（*x*）等。

② 公式中视为常数的参数，例如：常数 *a*，*b*，*c* 等。

③ 几何图形中表示点、线、面、体的字母，例如：点 *A*，线段 *AB*，平面 *ABC* 等。

④ 坐标系符号，例如：笛卡儿坐标 *x*，*y*，*z* 等。

⑤ 矢量、张量和矩阵符号用黑斜体，例如：矩阵 ***A***，单位矩阵 ***E***，矢量 ***a*** 等。

（4）生物学中属以下（含属）的拉丁学名应用斜体。瑞典生物学家林奈将生物命名后，而后的生物学家用域（Domain）、界（Kingdom）、门（Phylum）、纲（Class）、目（Order）、科（Family）、属（Genus）、种（Species）对生物加以分类。例如：

① 以人为例，其分类为：真核域（Eukarya）、动物界（Animalia）、脊索动物门（Chordata）、脊椎动物亚门（Vertebrata）、哺乳纲（Mammalia）、真兽亚纲（Eutheria）、灵长目（Primates）、人科（Hominidae）、人属（*Homo*）、智人种（*Homo sapiens sapiens*）。

② 高通量测序结果显示，该菌群主要含有 *Cupriavidus*、*Arthrobacter*、*Dyella*、*Corynebacterium* 等菌属。

另外，一些拉丁词如 *in vitro*、*in situ* 也要用斜体。

(5) 化学中表示旋光性、分子构型、构象、取代基位置等的符号（这一类符号后常须加半字线“-”）应采用斜体，例如：*d*-（右旋），*dl*-（外消旋），*o*-（邻位），*p*-（对位），*ap*-（反叠构象），*as*-（不对称的），*trans*-（反式）等，又如 *p*，*p*′-DDT，*o*，*p*-DDT 等。

(6) 基因、蛋白质、限制性内切酶等符号不仅有正斜体区分，而且还有大小写要求，涉及的内容及知识点较多，体系也较为复杂，在此不做详述。

## 8.2 论文中公式的规范表达

### 8.2.1 数学公式的规范表达

科技论文中常有大量的数学公式出现，为了提高刊物的编排质量，论文作者熟悉数学公式的表达要求，掌握其书写技巧就显得十分重要。

(1) 符合下述 3 种情况之一的数学公式需要另起一行居中排：

① 文中重要的或后文要重新提及的数学式、反应式等另行起排，并用阿拉伯数字编序号；

② 长式，带积分号、连加号、连乘号的式子以及比较复杂的式子（如繁分式）；

③ 需要编公式序号的式子另行起排，以便把公式序号写在规定的位置上。

注：

① 数学式需断开换行时，在紧靠其中符号 =，+，−，±，∓，×，·，/等后断开，而在下一行开头不应重复这一符号。

② 反应式需断开换行时，在紧靠其中符号→，=，⇆，+后断开，而在下一行开头不应重复这一符号。

(2) 数学式中符号的意义及计量单位和计数单位及式号的正确表达格式如下例：

由动量定理可列出运动方程

$$(mb - me)\ddot{x} + m\frac{d}{dt^2}(x + e\sin\omega t) = -Kx - C\dot{x}$$

式中：*mb*，*me*——床体和偏心块质量，kg；

$x$——主块质心位移，m；

$e$——偏心距，m；

$K$，$C$——弹斑的刚度系数和阻尼系数。

（3）数学式前 6 个字以内且另行起排的词语，叫作数学式前的镶字，如：设，令，则，假设，由于，因为。一般说来，数学式前超过 6 个字的按普通行文处理。

（4）数学式的排式规则如下：

① 式子主体应对齐，即式子的主体部分（=、～、>以及分式的分数线等）应排在同一水平线上；

② 书写行列式和矩阵时，应留出元素的行列空格，各元素的主体上下左右要对齐；

③ 数学式写排形式的变换包括：竖排分式改为横排分式；根式改为分数、指数形式；指数函数 $\mathrm{e}^{x}$ 改为 exp x 等。

### 8.2.2 计算式的规范表达

在数学表达式中，按规定函数、数学符号应用正体表示。在 Microsoft equation 3.0 或 Mathtype 5.0 equation 公式编辑器中也按此规定执行。

例如：

$\Delta_{vap}H_m$，$\sin\theta$，$\ln x$，$k=k_0\mathrm{e}^{-E/RT}$，$y=\exp(\cos x)$，$\ln z=\mathrm{d}y/\mathrm{d}x=\partial S/\partial t$

上述函数及方程式中，Δ、sin、cos、ln、e、exp、d、∂ 等均为数学符号，因此使用正体。数学式中的变量、物理量用斜体。其中一些普适物理常数，例如 Boltzmann 常数 $k$、通用气体常数 $R$、Blanck 常数 $h$、Faraday 常数 $F$ 等，均用斜体字母表示。

当公式与计算式连写时，要注意物理量等于数值乘单位的规则。例如用理想气体状态方程计算体积的计算式应写为：

$$V=\frac{mRT}{Mp}=\frac{0.015\,0\ \mathrm{g}\times 8.314\ \mathrm{J\cdot mol^{-1}\cdot K^{-1}}\times 298.15\ \mathrm{K}}{18.016\ \mathrm{g\cdot mol^{-1}}\times 101\,325\ \mathrm{Pa}}=2.04\times 10^{-5}\ \mathrm{m^3}$$

$$\text{或}\quad V=\frac{mRT}{Mp}=\frac{0.015\,0\times 8.314\times 298.15}{18.016\times 101\,325}\ \mathrm{m^3}=2.04\times 10^{-5}\ \mathrm{m^3}$$

在公式编辑器中，一般将变量默认定义为斜体英文字母，文字、函数默认定义为正体英文字母。故键盘输入英文字母时，均按变量写成斜体，而对于表示数学符号、单位符号或上下标注释的英文字母，需选择菜单“样式”中的文字或函数，使其变为正体。表示导数的 d 在输入公式时，常需由斜体改为正体。

在公式编辑器中，小写希腊字母常默认定义为斜体，作为物理量符号方便，而大写希腊字母默认定义为正体，作为数学符号方便。但有时需要在一个式中同时出现正体、斜体时，应将需改的字母选中，点击样式中“其他”栏内 Symbol 字体，再点“斜体”后返回，选中字母为斜体，不点“斜体”返回，则选中字母为正体。

不使用公式编辑器输入公式时，在等号、运算符号与物理量符号之间应加必要的半角空格，以期与公式编辑器达到同样的效果。

## 8.3　论文用词的前后一致性

一致性原则是稿件写作应遵循的重要原则，在关注文稿内容科学性和正确性的基础上，要树立一致性意识，对文稿中的相同内容进行重点核查。

### 8.3.1　物质名称的一致性

论文的编校加工过程中，需要依据一致性的原则，对原稿中同一物质的多种表达形式进行统一。

比如，材料类科技论文内容主要涉及材料的制备及性能研究，论文的研究工作多是围绕某种物质展开，如纤维、织物、颗粒或金属基、陶瓷基等复合材料及其复合薄膜或复合涂层材料等。物质名称众多，表达形式错综复杂，但这并不意味着无规则可依。按照材料之间作用的不同，有 MN 和 M－N 这 2 种表示形式，其中 MN 代表改性体/基体材料，M－N 代表共混物、多层材料、核-壳结构材料。按照此规律，即可对物质进行归纳分类。

### 8.3.2　格式的一致性

科技论文在书写中有许多固定的格式，在同一篇文章中需要保证所用的格式相同。

案例：

Figure 3. XXXX

Fig. 4. XXXX

以上两种方式（“Figure 3. ”、“Fig. 4. ”）都是图名正确的书写格式，但在同一篇论文中，无论是正文或者图名里，都应根据期刊要求，采用同一表达方式。

### 8.3.3 核心数据的一致性

庞杂的实验数据是科技论文的重要支撑，“用数据说话”是科技论文的主要特征。一篇研究类文章若想证实达到了预期的效果，必须有定性或者定量的实验数据去佐证，实验数据必须直接、清晰而且完整，从而实现对论文研究成果的完美展示。论文中同一数据上下文不一致会削弱论文及相关研究的可信度，直接影响科技信息的对外交流与传播。因此，在写作过程中以及写作完成后，作者须认真对文章核心数据进行一致性核查，切实提升文章的质量水平。

### 8.3.4 测试分析方法的一致性

科学实验中测试方法众多，在写作论文时，需要详细准确说明。比如，材料类科技论文涉及的性能测试分析方法较多，包括红外光谱（FTIR）、核磁共振（NMR）、凝胶渗透色谱（GPC）、扫描电子显微镜（SEM）、透射电子显微镜（TEM）和能谱（EDS）等，写作时需着重关注其一致性问题。如对 EDS 结果的表述经常会有 EDS、EDS 谱图、能谱图等多种表达形式，由于 EDS 中 S 为谱图“spectra”的缩写，因此经全文统一对照，需统一为 EDS，使全文内容形成一个有机整体。

同时，测试分析方法在摘要和正文中均有体现。由于作者往往更关注文稿结构编排的合理性、技术内容的正确性、创新性和科学性，易忽视文稿前后的一致性，摘要中有时未写明正文中出现的关键测试手段，有时会出现正文中并未采取的分析方法，这给读者带来了阅读障碍，降低了文章整体的科学性。

### 8.3.5 图表的一致性

图表是科技论文的重要组成部分和最常见的表达手段。图表以最直观和最简洁的方式展示实验数据，补充正文内容的不足，辅助正文表达论文主旨。在科技论文中经常会出现如下问题：

(1) 图表题名与内容不一致，涵盖关系不全。图表题名具有说明性和专指性，是对图表主要内容的高度概括。准确得体的图表题名不仅使得文章的可读性增强，而且使文章的表达质量更好。

(2) 图表内容与正文叙述不一致。图表内容与正文叙述不一致是经常会出现的问题，而图表和相关正文作为论文的核心关键内容，是不容许有差错的。

## 8.4 数据图表的规范绘制

### 8.4.1 图表绘制规范

一般论文中的图片包括两种类型：①使用设备或者仪器拍摄采集的图片，包括显微镜、扫描仪及摄像机等所拍照片；②由数据先绘制成图表，再导出生成的图片，主要包括各种点线图、柱状图、饼图和各种统计图等。不同期刊对论文图表的设计、图片的格式、分辨率、颜色模型、尺寸等的要求可能存在差异。表 8.7 列出了 Nature 期刊对图表规范的要求，在投稿前，需要根据所投期刊“投稿指南”中对图表的要求绘制论文中的图表。

**表 8.7 *Nature* 投稿指南（instructions for authors）中图表的基本规范**

| Figures | 图表 | 要点 |
|---|---|---|
| General Figure Guidelines | 基本图表要求 | 首次投稿要点 |
| 1. Use distinct colors with comparable visibility and consider colorblind individuals by avoiding the use of red and green for contrast. Recoloring primary data, such as fluorescence images, to color-safe combinations such as green and magenta, turquoise and red, yellow and blue or other accessible color palettes is strongly encouraged. Use of the rainbow color scale should be avoided<br>2. Use solid color for filling objects and avoid hatch patterns<br>3. Avoid background shading<br>4. Figures divided into parts should be labeled with a lower-case, boldface 'a', 'b', etc in the top left-hand corner. Labeling of axes, keys and so on should be in 'sentence case' (first word capitalized only) with no full stop. Units must have a space between the number and the unit, and follow the nomenclature common to your field<br>5. Commas should be used to separate thousands<br>6. Unusual units or abbreviations should be spelled out in full, or defined in the legend | 1. 使用具有明显差异性的颜色，考虑到色盲个体要避免使用红色和绿色。对原始数据重新上色，如荧光图像，强烈推荐颜色安全组合，如绿色和品红、蓝绿色和红色、黄色和蓝色或者其他可获得的调色板。尽量避免使用彩虹色系<br>2. 使用单色填充对象，同时避免使用阴影图案<br>3. 避免背景阴影<br>4. 分成多个部分的图表应在左上角用小写字母、黑体字“a”“b”等标记。坐标轴、关键句等的标注应按照“句子大小写”（只有第一个单词首字母大写）格式，且该句末不需要句号。在数字和单位之间必须有一个空格，并要遵循专业领域的习惯命名法<br>5. 每千分位应用逗号隔开<br>6. 不常用的单位或简写应该拼写全称，或者在说明中给出定义 | 图表颜色<br>图表填充<br>图表背景<br>图名标注<br>数字<br>单位与简写 |

续表

| Figures | 图表 | 要点 |
|---|---|---|
| Final Figure Submission Guidelines | 终稿图表要求 | 终稿出版要点 |
| 1. Images should be saved in RGB color mode at 300 dpi or higher resolution<br>2. Use the same typeface (Arial, Helvetica or Times New Roman) for all figures. Use symbol font for Greek letters.<br>3. We prefer vector files with editable layers. Acceptable formats are:. ai, . eps, . pdf, . ps, . svg for fully editable vector-based art; layered. psd or. tiff for editable layered art; . psd, . tif, . jpeg or. png for bitmap images; . ppt if fully editable and without styling effects; ChemDraw (. cdx) for chemical structures<br>4. Figures are best prepared at the size you would expect them to appear in print. At this size, the optimum font size is 8pt and no lines should be thinner than 0. 25 pt (0. 09 mm) | 1. 图片应该以 300 dpi 以及以上的 RGB 颜色格式保存<br>2. 所有图表使用相同的字型（Arial, Helvetica 或 Times New Roman）。希腊字母使用符号字体<br>3. 最好使用带有可编辑图层的矢量文件。可接受的格式包括：. ai、. eps、. pdf、. ps、. svg 格式的完全可编辑矢量作品；分层过的 . psd 或 . tiff 格式的可编辑分层作品；. psd、. tif、. jpeg 或 . png 格式的位图图像；完全可编辑且没有样式效果的 . ppt 格式；表示化学结构的 ChemDraw (. cdx) 格式<br>4. 图表的尺寸最好设定成拟印刷在期刊中的大小。在这个尺寸下，最佳的字体大小为 8 磅、所有线条粗细应该不小于 0. 25 磅（0. 99 毫米） | 图片颜色模糊与分辨率<br>图表字体<br>图片格式类型<br>图片尺寸、字体大小、线条宽度 |

1. 图片的格式与转换

常见的图片格式主要可分成两大类：矢量图和位图。

(1) 矢量图（Vecorgram）：也称为面向对象的图像或绘图图像，在数学上定义为一系列由线连接的点。矢量文件中的图形元素称为对象。每个对象都是一个自成一体的实体，它具有颜色、形状、轮廓、大小和屏幕位置等属性。矢量图是根据几何特性来绘制图形，矢量可以是一个点或一条线，矢量图只能靠软件生成。

矢量图的特点是文件容量较小，在进行放大、缩小或旋转等操作时图像都不会失真，和分辨率无关，适用于图形设计、文字设计、标志设计、版式设计等。矢量图可以缩放到任意大小和以任意分辨率在输出设备上打印出来，都不会影响清晰度。其最大的缺点是难以表现色彩层次丰富的逼真图像效果。矢量图形的格式也很多，如 Adobe illustrator 的 . ai、. eps 和 . svg，Auto CAD 的 . dwg 和 . dxf，Corel DRAW 的 . cdr 等。

常见矢量图类型的说明与比较如下：

① . eps（Encapsulated PostScript）

EPS 文件是目前桌面印刷系统普遍使用的通用交换格式当中的一种综合

格式。EPS 文件虽然采用矢量描述的方法，但亦可容纳点阵图像，将所有像素数据整体以像素文件的描述方式保存。是目前系统功能最强的一种图档格式，向量及位图皆可包容，可以在任何的作业平台及高分辨率输出设备上输出色彩精确的向量或位图，是做分色印刷美工排版人员最爱使用的图档格式。该格式文件通常相当大，而且除非使用 PostScript 打印机，否则只能印出低分辨率的预视档或根本印不出图形。

②.svg（Scalable Vector Graphics）

SVG（可缩放矢量图形）是一种基于可扩展标记语言（标准通用标记语言的子集），用于描述二维矢量图形的图形格式，是一种和图像分辨率无关的矢量图形格式。SVG 图像可通过文本编辑器来创建和修改，可被搜索、索引、脚本化或压缩，可伸缩；SVG 图像可在任何的分辨率下被高质量地打印，可在图像质量不下降的情况下被放大。相较于其他的矢量图形格式，同样的档案内容 SVG 格式文件会比其他的档案格式稍大。旧版的 SVG Viewer 无法正确显示出使用新版 SVG 格式的矢量图形。

③.emf（Enhanced Metafile）

EMF 是微软公司为了弥补使用 WMF 的不足而开发的一种 Windows 32 位扩展图元文件格式。Word 中内部存储的图片或绘制的图形对象属于这种格式。EMF 图片无论放大还是缩小，图形的清晰度不变，而且所需的存储空间非常小。WMF（Windows Metafile Format）是 Windows 中常见的一种图元文件格式，是由简单的线条和封闭线条（图形）组成的矢量图，文件非常小，可以任意缩放而不影响图像质量。整个图形常由各个独立的组成部分拼接而成，其图形往往较粗糙。

（2）位图（Bitmap）：又称栅格图（Raster graphics）或点阵图，是使用像素阵列（Pixel-array/Dot-matrix 点阵）来表示的图像。位图是由一个一个像素点产生，当放大图像时，像素点也放大了，但每个像素点表示的颜色是单一的，所以在位图放大后就会出现马赛克状。处理位图时，输出图像的质量决定于处理过程开始时设置的分辨率高低。位图的文件类型很多，如.bmp、.pcx、.gif、.jpg、.tif，photoshop 的.psd 等。

常见位图类型的说明与比较如下：

①.tif、.tiff

TIFF（Tag Image File Format）是一种主要用来存储包括照片和艺术图在内的图像文件格式，广泛地应用于对质量要求较高的图像的存储与转换。

这种格式兼容性好，而且提供预览图，是论文和书刊等出版物支持最广的图形文件格式，打印出来清晰度特别好，也是现存图像文件格式中最复杂的一种，存储内容多，占用存储空间大。

② .bmp

BMP（Bitmap）是 Windows 操作系统中的标准图像文件格式，可以分成两类：设备相关位图（DDB）和设备无关位图（DIB）。它采用位映射存储格式，除了图像深度可选以外，不采用其他任何压缩。BMP 文件包含的图像信息较丰富，图像质量很高，是一种与硬件设备无关的图像文件格式，使用非常广。但是 BMP 不支持压缩，导致所占用的空间很大，而且 BMP 文件不被 Web 浏览器支持。

③ .jpeg、.jpg

JPEG（Joint Photographic Expert Group）是 24 位的图像文件格式，也是一种高效率的压缩格式，该文件格式是 JPEG（联合图像专家组）标准的产物。JPEG 是一种广泛使用的针对相片影像的失真压缩标准方法，也是目前网络上最流行的图像格式，利用可变的压缩比可以控制文件大小。对于科研论文图表，图片分辨率达到 600dpi 即可采用。另外，当编辑重新保存 JPEG 文件时，会导致原始图片数据质量下降。JPEG 不适用于所含颜色很少、具有大块颜色相近的区域等图片。

④ .png

PNG（Portable Network Graphics）提供 24 位和 48 位真彩色图像支持以及其他诸多技术性支持。PNG 支持高级别无损耗压缩；支持 alpha 通道，即透明度，可以做成半透明的图片。但是目前并不是所有的程序都可以用 PNG 格式存储图像文件。

矢量图与位图最大的区别是矢量图不受分辨率的影响，因此在印刷时，矢量图可以任意放大或缩小而不会影响出图的清晰度，可以按最高分辨率显示到输出设备上。

大多数的学术期刊要求图片为 TIFF 格式或 EPS 矢量图，并且要形成独立文件，所以，最好在图表转换成图片时，就将图片设定为 .tiff 或者 .tif 格式的位图、或 .eps 的矢量图形式。

2. 图片的分辨率

图像质量主要取决于图像的分辨率与颜色种类（位深度）。图像的分辨率（Image resolution）是指图像中存储的信息量，即每英寸图像内有多少个像素点，分辨率的单位为 ppi（pixels per inch，像素每英寸）、dpi（dots per inch，点数每英寸）。dpi 是打印机、鼠标等设备分辨率的单位，dpi 值是衡量打印机打印精度的主要参数之一，一般来说，该值越大，表明打印机的打印精度越高。如果想知道一张位图的图片分辨率，在 Windows 系统中可以右击该图片，依次选择“属性”-“详细信息”即可看到该图片的宽度和高度像素、水平和垂直分辨率、位深度等信息。图片尺寸与分辨率、物理尺寸的计算关系如下：

图像尺寸（宽度或高度像素数目）（pixels）＝分辨率（dpi）× 实际物理尺寸（inch）

大多数期刊对论文中不同的图片会有不同的分辨率要求，论文中的图片一般可分成三种类型：halftone artwork、combination artwork 和 line artwork。平时我们绘制的图表所转换成的图片就属于 combination artwork，投稿时分辨率最好设定在 600dpi 及以上。halftone artwork 指彩色或者灰度图片（color or greyscale photographs），分辨率要求为 300 dpi。line artwork 指没有中间颜色的黑白图片（monochrome images），分辨率要求为 1 200 dpi。在不超出期刊投稿最大文件大小限制的情况下，尽量使用高分辨率的图片，以免引起退稿修订等麻烦。

3. 图片的色彩要求

图片的色彩模式主要分为两种：RGB 和 CMYK。其中 RGB 用于数码设备上；CMYK 为印刷业通用标准。由于人的肉眼有三种不同颜色的感光体，因此色彩空间通常可以用三种基本色来表达，这三种颜色被称为“三原色”。其中的原色是指不能通过其他颜色的混合调配而得到的基本色。以不同的比例将原色混合理论上就可以调配出所有其他颜色，而其他颜色不能调配出三原色。三原色包括色光三原色（red，green and blue，RGB，也被称为三基色）和颜料三原色（cyan，magenta and yellow，CMY）。

（1）RGB 色彩模式是工业界的一种颜色标准，是通过对红（Red）、绿（Green）、蓝（Blue）三个颜色通道的变化以及它们相互之间的叠加来得到各式各样的颜色的，RGB 即是代表红、绿、蓝三个通道的颜色，这个标准几乎包括了人类视力所能感知的所有颜色，是目前运用最广的颜色系统之一。

（2）CMYK 是用于印刷的四色模式。印刷四分色模式是彩色印刷时采用的一种套色模式，利用色料的三原色混色原理，加上黑色油墨，共计四种颜色混合叠加，形成所谓“全彩印刷”。由于目前制造工艺还不能造出高纯度的油墨，CMY 相加的结果实际是一种暗红色，因此在彩色印刷中，除了使用三原色外，还要增加一版黑色才能得出深重的颜色，即 CMYK 中的 K——定位套版色，黑色，Key Plate（black）。

多数期刊在稿件接受出版（Manuscripts Accepted for Publication）阶段会要求图片为 CMYK 色彩，但现在很多期刊都是有网络版的，且 RGB 图比 CMYK 图表现出的效果更好，色彩更亮丽，更适合出现在网络上。图片由 RGB 转变为 CMYK 模式容易，但是由 CMYK 模式转变为 RGB 模式的图像表现力却会下降，所以很多期刊都逐渐接受 RGB 颜色模式的图片。

4. 图片的物理尺寸

虽然在投稿阶段并没有对图片的物理尺寸做出严格的要求，但是在印刷排版时就会变得格外讲究。一般情况只会规定一下宽度，半幅（单栏）在 7.5 cm 左右，全幅（双栏）在 15 cm 左右，不同期刊的要求会略有差异。所以图表是单栏放置，尽量使图表大小控制在 7.5 cm 以内；如果是全幅展示，尽量使图表大小控制在 15 cm 以内。

5. 图片的标注格式

通常期刊都会对所投稿件中的图片的标注格式有所要求，比如图表中坐标轴轴名、图例等。所有图表中的英文标注都使用 Arial，Helvetica 或 Times New Roman 字体，中文标注会使用“宋体”或“黑体”字体，其中“宋体”用于正文，“黑体”用于标题。图表的尺寸最好设定成你想展示在印刷期刊上的大小，在这个大小下，图片标注最佳的字体大小为 8 磅，这样既保证图表标注的字体不占用太多空间，也不过小导致读者无法看清。

### 8.4.2 图表制作原则

1. 根据数据或观点表达的需要选择最合适的表达形式（插图或表格）

对于表格或插图的选择，应视数据表达的需要而定。表格的优点是可以方便地列举大量精确数据或资料，图形则可以直观、有效地表达复杂数据。

(1) 采用表格形式：展示给读者精确的数值。

① 一篇文章中不是表格越多越好，而是要根据其必要性进行精选。如果采用多组数据表格说明同一现象，就会造成表格本身的重复，应该选择一组最准确、最有说服力的表格，而将重复的表格删除。如果文字叙述与图和表格相重复，也应该只保留三者中最合适的一种表述方式，这样才能使文章简洁、精练。有一些审稿人会直接在审稿意见中指出文章中的表格繁复冗杂，

要在论文润色修改中精简。

② 表格应按其在正文中出现的顺序标号，序号用阿拉伯数字表示，如 Table 1、Table 2。即使只有一张表格也要标 Table 1。

③ 表格中的缩略词和符号必须与正文中的一致。

④ 表格中的参数应标明量和单位的符号。如果所有栏或大部分栏的单位相同，可将该单位标注在相应的栏内。

⑤ 表格内应该使用相同的小数位。例如，3.4、2.56 和 1 的正确表达应该是 3.40、2.56、1.00。

（2）如果要强调展示数据的分布特征或变化趋势，则宜采用图示方法。

① 折线图（line graph）：常用来表示连续性的变化趋势或不同变量在某特定区间的变化及关系。

② 直方图（bar graph，histogram）：主要用于表示相关变量之间的对比关系。

③ 饼状图（pie diagram）：可直观地表示研究对象中各组分的含量关系及相关变化。

④ 绘图（line drawing）：包括素描、组织图、流程图等，可用来清楚地展示研究对象的结构，并且在绘图时可以省略不必要的细节以突出重点。

⑤ 照片（photograph）：可用于展示研究对象的外观、形态等。照片的缺点是因为包括过多的细节而难以突出重点，并且也无法展示研究对象的内部结构。

一定要避免以插图和表格的形式重复表述同样的数据（除非重复的理由十分必要）。

2. 图表的设计要基于成果的表达，准确地突出作者的贡献

图表本身或周边的空白容易吸引读者的注意和阅读。图表最好使用白色背景，突出内容和视觉效果，尽可能地将论文的代表性贡献用关键性图表清楚地表达出来，不要包含太多不属于本文工作的信息。

3. 图表的形式应尽量简洁，所承载的问题不要过多

明确图表所要阐述的问题，在图题、图注或图内直接回答这些问题，或者在正文中提供更多的背景从而间接地回答这些问题。

复杂的图表尽量安排到论文的尾部，以便读者在有一些相关知识的基础上再进行理解。图表整合需注意图与图之间的逻辑关系。相互间有比较或参照意义的插图可整合为一个图中的多个分图，以减少文字表述的复杂性。如

果期刊对插图的数量有规定（通常不超过 6 个），应严格执行。

4. 图表的表述要考虑到读者的理解水平，应具有“自明性”

每个插图或表格都应该具有自明性或相对独立，图表中的各项资料应清楚、完整，以便读者在不读正文的情况下也能够理解图表中所表达的内容。

图表中各组元（术语名称、曲线、数据或首字母缩写词等）的安排要力求使表述的数据或论点一目了然，避免堆积过多的令人分心的细节，从而造成图表理解上的困难。

5. 注意事项

(1) 表格中数值计算不精确，保留位数不一致。表格中数值精确与否是决定统计表质量的关键因素，也是科学实验结果是否严密的具体体现。由于表格中的数据是经过原始数据计算得出，因此往往不是整数，应该使用相同的小数位。表格中同一指标数字的有效位数应一致，不足者以“0”补足。计算百分比时，注意各百分比相加应为 100%。

(2) 缩略语及量和单位不规范。表格中所列的指标名称不宜随意而定，应使用固定的缩略语。特殊情况下使用不常用的单位和缩写词时，需在表注中说明。表格中的法定计算单位，一律使用符号，单位应该遵循国际标准命名原则。在数字和单位之间应有一个单一空格。

(3) 表格中分组变量与观测指标的位置颠倒及数据排列不当。表格中数据的排列应按同类数据纵排的原则安排，排列不当会导致读表费力，不易对照比较和从中了解变化规律。

## 8.5 案例分析

图表是文章呈现数据的方式，许多审稿专家会在阅读摘要后直接查看图表部分，以形成对文章的第一印象。本部分以 2023 年 *Nature* 上发表的文章“Unraveling the functional dark matter through global metagenomics”（622，594—602）为例，展示一篇优秀论文的图表呈现方式以及图表绘制的注意事项。

(1) 图表标题准确完整：文章中的图表应该具有自明性，这要求图表标题能准确完整的表明图表的内容。图表中的符号信息可以用图注或表注的形式表达（图 8.1）。

**Article**

# Unraveling the functional dark matter through global metagenomics

https://doi.org/10.1038/s41586-023-06583-7
Received: 18 March 2022
Accepted: 30 August 2023
Published online: 11 October 2023
Open access
Check for updates

Georgios A. Pavlopoulos[1,2,3,5✉], Fotis A. Baltoumas[1], Sirui Liu[4], Oguz Selvitopi[5], Antonio Pedro Camargo[2], Stephen Nayfach[2], Ariful Azad[6], Simon Roux[2], Lee Call[2], Natalia N. Ivanova[2], I. Min Chen[2], David Paez-Espino[2], Evangelos Karatzas[1], Novel Metagenome Protein Families Consortium*, Ioannis Iliopoulos[7], Konstantinos Konstantinidis[8], James M. Tiedje[9], Jennifer Pett-Ridge[10], David Baker[11,12,13], Axel Visel[2], Christos A. Ouzounis[2,14,15], Sergey Ovchinnikov[4], Aydin Buluç[5,16] & Nikos C. Kyrpides[2✉]

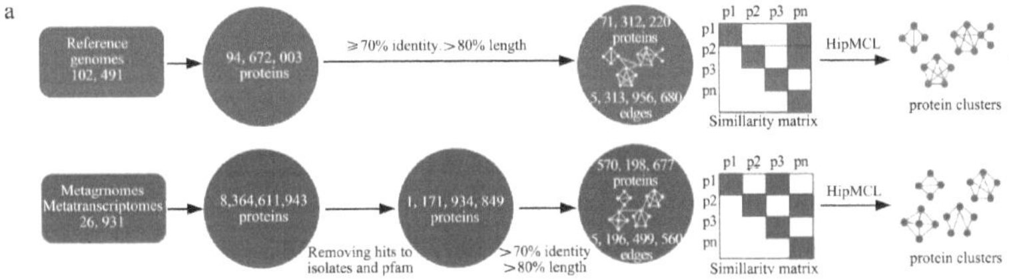


**Fig. 1　Sequence clustering overview: Clustering proteins from the reference genome (blue) and ED (red) datasets.**

图 8.1　图片自明性示例（彩图见附件）

（2）使用合适的颜色：选用合适的颜色方案来突出重点，同时保持足够的对比度和可读性。

（3）确保比例准确：在绘制图表时，一定要确保比例和比例尺的准确性，以便读者能够正确地理解和比较数据。

（4）选择合适的图形类型：根据数据类型和分析目的选择合适的图形类型。例如，条形图适用于比较不同组别的数据，网络图适用于展示多个节点（在这里指代蛋白质）之间相互作用关系（图 8.2）。

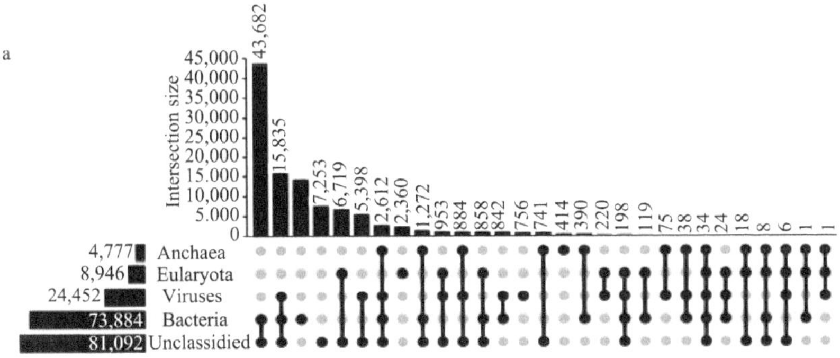


**Fig. 2　UpSet plot showing the domain—level taxonomic distribution of novel protein. clusters.**

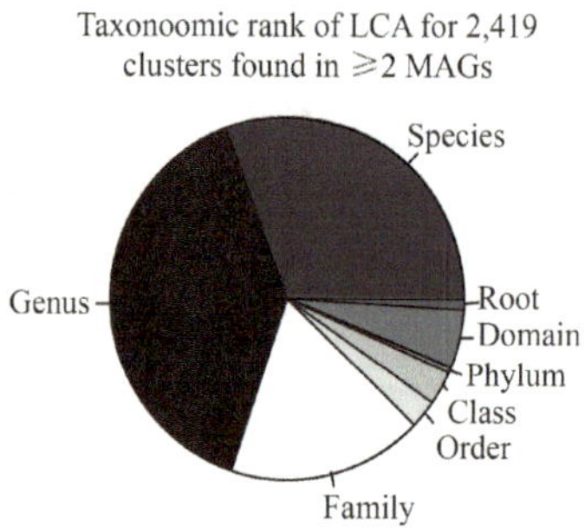


**Fig. 3 The taxonomic rank of the lowest common ancestor (LCA) for 2, 419 clusters found in at least 2 MAGs.**

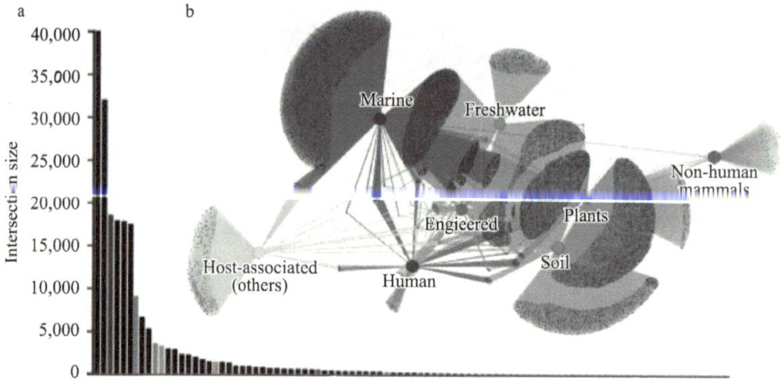


**Fig. 4 a UpSet plot representation of protein clusters overlapping across the eight ecosystem types; b, Network representation of the protein clusters and their ecosystems.**

**图 8.2 图形类型示例（彩图见附件）**

（5）突出关键信息：将关键信息突出显示，例如坐标轴刻度、标签和图例等。这有助于读者更好地理解图表的含义（图 8.3）。

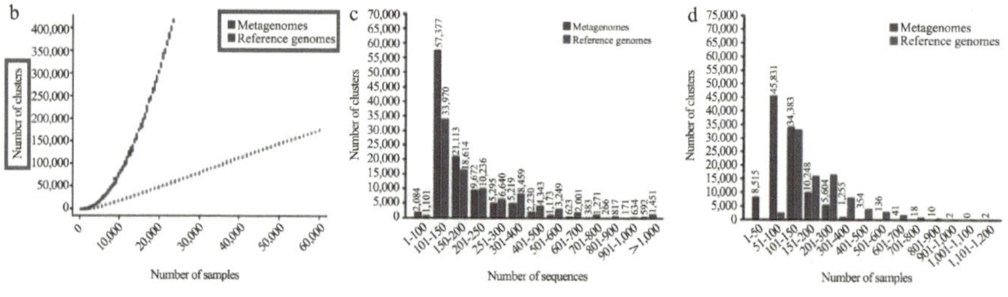


**Fig. 5 b Rarefaction curves of protein clusters for reference genome (blue) and ED (red) datasets. c, d, Bar chart visualization and comparison of cluster components per cluster for the number of sequences (c) and the number of genome or ED samples (d).**

**图 8.3 突出关键信息的图片示例（彩图见附件）**

（6）设计易于理解的布局：选择合适的布局方式，以便读者可以快速理解图表所要表达的信息。如果一幅图中，包含多幅小图，一般按照从左到右，从上到下的顺序排列（图 8.4）。

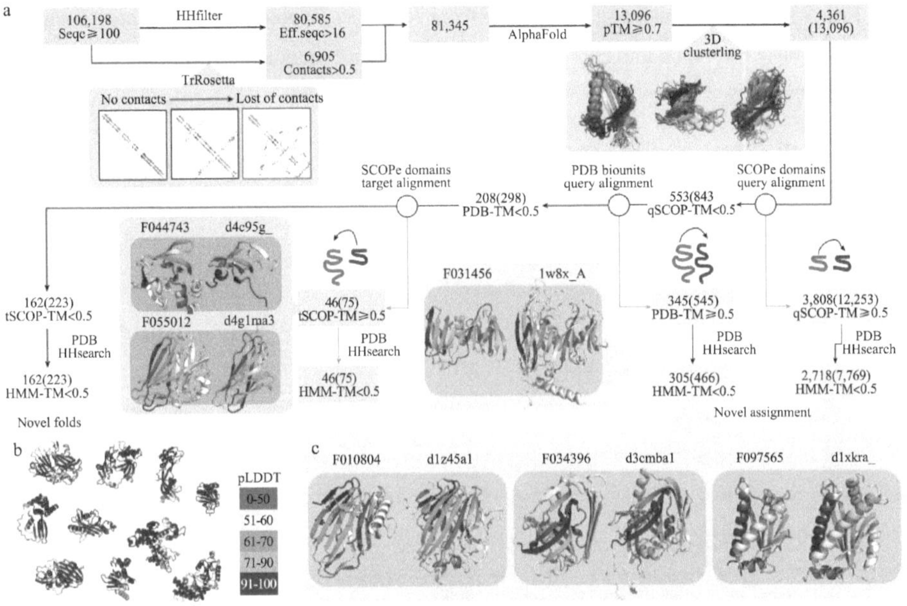


**Fig. 6　Structural characterization of the NMPFs.**

**图 8.4　图片布局示例（彩图见附件）**

（7）选择适当的字体和字号：在绘制图表时，选择易于阅读的字体和字号，以便读者能够轻松地辨认图表中的文字（图 8.5）。

**Table 1　HipMCL clustering of proteins from reference genomes and metagenomes and their corresponding clusters of different protein family sizes（cumulative）**

| | | | | | |
|---|---|---|---|---|---|
| Environmental dataset | | | | | |
| Proteins for clustering | 570，198，677 | | | | |
| Cluster size | ≥3 members | ≥25 members | ≥50 members | ≥75 members | ≥100 members |
| Clusters（NMPFs） | 64，149，288 | 1，501，861 | 428，910 | 200，075 | 106，198 |
| Datasets | 24，477 | 23，208 | 21，447 | 20，274 | 19，326 |
| Scaffolds | 349，547，957 | 71，910，494 | 39，593，021 | 27，041，114 | 17，280，119 |
| Proteins | 400，241，252 | 77，892，505 | 42，280，078 | 28，621，670 | 19，986，348 |
| Percentage of proteins | 70.19 | 13.66 | 7.41 | 5.02 | 3.5 |
| Reference genomes | | | | | |
| Proteins for clustering | 71，312，320 | | | | |
| Cluster size | ≥3 members | ≥25 members | ≥50 members | ≥75 members | ≥100 members |
| Clusters | 4，572，038 | 415，591 | 197，965 | 128，324 | 92，909 |

续表

| | | | | | |
|---|---|---|---|---|---|
| Datasets | 80，896 | 77，611 | 76，294 | 75，145 | 74，134 |
| Proteins | 64，427，269 | 38，509，539 | 31，100，303 | 26，906，094 | 23，860，313 |
| Percentage of proteins | 90.34 | 54.00 | 43.61 | 37.73 | 33.46 |

**Fig. 7 HipMCL clustering of proteins from reference genomes and metagenomes and their corresponding clusters of different protein family sizes (cumulative)**

**图 8.5 表格示例**

（8）考虑响应式设计：如果图表将用于在线发布，应该考虑响应式设计，以便在不同设备上显示时都能够正常显示。

## 参考资料：

[1] 王敏．科技学术论文图表题名特征与英译——以土木工程为例 [J]. 中国科技期刊研究，2011，22（03）：456-459.

[2] 浩元．公式不应采用多字母缩略术语书写 [J]. 北京师范大学学报（自然科学版），2021，57（05）：000.

[3] 刘万才，龚玉琴．科技论文写作讲座之三　科技论文撰稿中量和数字的规范表达 [J]. 中国农技推广，2007，23（05）：42-44.

[4] 王银平，廖移山，唐永兰，等．规范撰写科技论文的注意事项 [J]. 暴雨灾害，2022，41（02）：240.

[5] 张晓庆．科技论文中常见的文字表述与数学公式不一致例解 [J]. 编辑学报，2021，33（03）：259-261.

[6] 学术出版规范 插图：CY/T 171—2019 [S]. 北京：国家新闻出版署，2019：3.

[7] 学术出版规范 表格：CY/T 170—2019 [S]. 北京：国家新闻出版署，2019：6.

[8] 科技论文写作规范：科技论文数字用法规范 [EB/OL].（2022-05-14）. https://max.book118.com/html/2022/0513/6214024234004144/shtm.

[9] 艾思科蓝．SCI 论文表格的制作要求是什么？[EB/OL].（2021-12—23）. https://www.ais.cn/news/featured/8505.

[10] Wiley 生态环境．科技论文撰写与投稿小贴士（4）：投稿注意事项 [EB/OL].（2019-09-05）. https://mp.weixin.qq.com/s/4KKumgoNBBRHikXtqptTAw.

[11] PAVLOPOULOS G A，BALTOUMAS FA，LIU S. et al. Unraveling the functional dark matter through global metagenomics [J]. Nature，2023，622：594-602.

# 第九章

# 论文投稿及发表

## 9.1 论文投稿文件的写作要点

1. Manuscript 和 Title Page

(1) Manuscript

论文初稿一般有两种，一种是完整的论文稿件 Manuscript，一种是便于同行盲审的稿件 manuscript for blind review（除去作者姓名、单位、邮箱、基金名称及项目编号、致谢等含个人信息的部分）。

(2) Title Page

Title Page 一般和 Blind Manuscript for blind review 一起上传，manuscript for blind review 不含个人信息部分，Title Page 则包含所有个人信息部分（一般包含论文题目＋作者＋单位＋邮箱＋基金名称和项目编号＋致谢），因期刊要求可能略有差异。

2. Cover Letter

Cover Letter 的作用就是把文章介绍给期刊编辑。Cover Letter 需要包含以下内容：

(1) 表明以什么为题的文章拟投该期刊，简要介绍文章的主要发现和重要意义。

(2) 表明所有作者均已经知晓拟投该期刊，且没有一稿多投。

(3) 最后附上通讯作者的电话、邮箱、地址等信息。

一般来说 Cover Letter 只需要这三部分内容，但是如果有些期刊对 Cover Letter 有特殊要求，比如要求表明是否已经有审稿人审阅过、要求表明伦理规范等，那就需要在第二部分进行描述。

3. Running Head

Running Head 可以翻译成短标题，就是把原来的题目进一步简明化，一般限制在 50 个字符以内。这样的 Running Head 在最终出版的时候一般会放在每一页的最上方，目的是让读者一目了然这篇文章大概是讲什么。

Running Head 应该是一个意思完整并通顺的短语，Running Head 来源于文章题目，如果文章标题本身就很简短，那就可以直接用文章标题作为 Running Head，如果文章题目较长，那么就进行归纳，需要注意冠词去掉是否通顺、表达是否恰当等。

4. Checklist

Checklist 就是为了核对所投稿件是否符合投稿指南的基本要求，为了完成 Checklist，一般需要在“Guide for Authors”中下载 Checklist 的原件，根据自身稿件的形式、作者的姓名单位、题目和整体字数来填空，核对期刊需要的附件是否均按照要求上传并逐一打钩。

5. Highlights

Highlights 就是要列出足够醒目吸引人的信息。一般来说，Highlights 需要介绍 3 到 5 个信息，每一个信息用简单的一句话来概括，这几个信息需要突出文章的重要意义和重要发现。Highlights 来源于整个文章，尤其是结论和讨论部分，需要高度概括，突出亮点和重点。

6. Reviewer suggestions

一般 Reviewer suggestions 会出现在投稿的程序中，直接按照要求输入即可，但是也有个别情况需要将 Reviewer suggestions 作为附件上传。Reviewer suggestions 应该分别罗列出 Reviewers 的姓名、单位、国家、邮箱，最后简单描述这些 Reviewers 在该领域的权威性，且没有利益冲突。

7. Graphical Abstract

Graphical Abstract 一般翻译为图文摘要，是指将论文内容可视化，更直观地展示文章内容，让读者更高效地了解文章内容。它包括两方面的内容：一是文字，二是图片。

Cell Press 出版社对图文摘要的官方定义为：“The graphical abstract is one single-panel image that is designed to give readers an immediate understanding of the take-home message of the paper. Its intent is to encourage browsing, promote interdisciplinary scholarship, and help readers quickly identify papers which are most relevant to their research interests.”。(图形摘要是一个单面板的图像，旨在让读者立即了解论文的信息。其目的是鼓励浏览，促进跨学科学术，并帮助读者快速确定哪些论文与他们的研究兴趣最相关。)

## 9.2 选刊要领与投稿程序

### 9.2.1 选刊原则

(1) 论文内容应与刊物报道的学科领域相一致。

尽管科技期刊种类多、数量大，但每种科技期刊都有其报道的学科领域范围，作者撰写的论文也有其自己的学科归属，一般来说，每个学科的研究成果必须在各自领域的刊物上发表，基础研究的论文应在学术刊物上发表，技术研究的成果应在技术类刊物上发表。因此作者在投稿前应该弄清自己所撰写论文的学科领域，根据自己论文的主题归属来选择相应的刊物投稿。

(2) 论文的学术水平应与拟发表刊物的水平相一致。

报道同一学科领域科研成果的科技刊物有多种，但是各种期刊的整体水平是有差异的。比如，*Nature* 是全世界科学工作者公认的最高水平科技期刊，如果论文的水平并未达到这类刊物的选稿标准，即使向其投稿，也会被退稿。如果投稿刊物的水平低于稿件的学术水平，稿件很可能被录用，但论文发表后所获得的学术交流效果可能要比发表在与论文水平相当的刊物上的效果差一些。

(3) 稿件撰写体裁要与刊物报道的体裁类型相一致。

科技期刊上发表的文章按写作体裁可分为研究论文（Articles 或 Papers)、研究简报（Notes)、研究快报（Letters Communications Correspondence）和综合评述（Reviews)。例如，《美国化学会志》（*Journal of the American chemical society*）受理各种体裁的文章，而英国《化学通讯》（*Chemical Communications*）只受理快报类文章，《化学评论》（*Chemical Reviews*）只受理综合评述类文章。所以选择投稿刊物时应注意自己所写文章的体裁是否与投稿期刊的文章类型相一致。

### 9.2.2 选刊要点

科技期刊的种类繁多，从学科领域来看，不但一级学科（如化学)、二级学科（如物理化学)、三级学科（如电化学）都有自己的刊物，而且更窄的学科领域（如电分析）也有自己的刊物，而且同属一个级别的学科领域，也有多种刊物。从报道的文章体裁来看，既有综合类刊物（含论文、简报、快报和综述等所有栏目)，又有综述类刊物（只报道综合评述)，还有快报类刊物，而且报道同一体裁文章的刊物也有多种。从刊物的刊期来看，有周刊、旬刊、半月刊、月刊、双月刊、季刊、半年刊、年刊等。从载体形式来看，既有印刷型纸质期刊，还有电子期刊。尽管期刊种类数以万计，但刊物分类都是有规律的，投稿时要遵循规律，选出合适的刊物投稿。选刊时应注意以下要点：

(1) 通过刊名和征稿简则了解选刊相关信息。

刊名是科技期刊的基本要素。通常，多数科技期刊的刊名均能反映出该刊报道的学科领域范围，如 *Journd of Organic Chemistry* 主要报道有机化学及其相关领域的研究成果。有些刊物的刊名也能反映出报道文章的类型，

如 *Tetrahedron Letters* 主要发表快报类或通讯类文章。有些刊物的刊名还能反映出报道文章的学术研究层次，如 *Application of Biotechnology* 突出报道生物技术的应用成果，再如 *Synthesis* 主要报道化学合成方面的研究成果。

几乎所有的中文科技期刊和英文科技期刊都附有“征稿简则”、“作者须知”、“投稿须知”和“作者投稿指南”，“Instruction to Authors”“Instruction to Contributors”“Guide for Authors”“Information for Contributors”“Notice to Authors of Papers”“Policies and Procedures”等。征稿简则中给出了刊物的主办单位、报道的学科领域范围、设置的报道栏目、刊发文章的写作类型、出版周期、审稿程序、录用稿件比率以及稿件来源（指只受理特约稿或既受理特约稿又受理自投稿）等多方面信息。

(2) 阅读刊物近期文章，了解报道内容和栏目的变化。

有些科技期刊虽然刊名未有改变，但报道的学科范围、内容和所设置的栏目随着相关研究领域的发展可能会调整和改变，只有阅读最近几年内各期发表论文的目录、摘要和文章内容，才能更深入地了解刊物报道的学科范围、报道的重点和热点以及栏目是否发生变化，将自己的论文内容和体裁与刊物已发文章相比较，才能更好地把握选刊的准确性。

(3) 准确判断刊物的档次，恰当把握自己稿件学术水平。

判断刊物的档次：一是要看主办单位，科技期刊的主办者有的是经商者，有的是高等院校，有的是研究所，有的是学术团体，不同的主办单位，其办刊的宗旨不同，所办刊物的水平亦不同。二是要看刊物的编委会组成，高水平期刊的编委会学术阵容强大，其主编的学术地位和知名度高。三是要看刊物的文献计量学数据，其中包括影响因子、总被引频次、他引频次等。刊物的影响因子高，一般可以说明其学术影响力大，其审稿和选稿的标准就更为严格；刊物的总被引频次多说明其被使用的范围广、受重视的程度高，在学术交流中的作用大；刊物的即年指标高，说明其发表的文章当年在读者中的反响强烈。四是要看刊物是否被世界主要文献数据库或检索系统（如 SCI、EI）所收录，凡是被它们收录的期刊，说明其刊载文章已达到较高水准，与同行交流的机会也会增多。

判断拟发表文章的水平：一是要将自己的文章放到同行已发文章或作者经常查阅和引用的文章中去比较，看文章内容是否有创新，创新程度如何，相同水平的文章大多发表在哪类刊物上；二是要请自己的老师或自己熟悉的同行专家把关，以便把握选刊的准确性。

（4）注意文章发表周期和刊物容量及发行量。

不同刊物，如周刊（Weekly）、双周刊（Biweekly）、半月刊（Semi-monthly）、月刊（Monthly）、双月刊（Bimonthly）和季刊（Quarterly），其文章发表的周期（从编辑部收到稿件的时间到正式发表的时间之间的间隔）、刊物容量（即发表文章的数量）和刊物的发行量各不相同。通常在刊物学术范围、刊物的档次和刊物报道文章的体裁确定的情况下：一是要考虑将文章投稿到发表速度快、出版周期短的刊物上，这样可以获得充分体现文章创新性的优先权，达到快速交流传播的目的，并较早地产生社会效益；二是要考虑将文章投到容量大的刊物上，刊物的容量大，录用稿件的数量就多，稿件被录用的概率相对较大；三是要考虑将稿件投到发行量大的刊物上，刊物的发行量大，说明其读者群体广，学术交流的效果好。

### 9.2.3　论文投稿流程

以 SCI 论文投稿为例，具体流程如下：

1. 注册投稿系统

（1）首次使用请点击“Register Now”，进行注册。

（2）填写 Given/First Name（名）、Family/Last Name（姓）、E-mail Address（邮箱）。推荐使用 ORCID（科研人员与投稿身份识别码）注册并登录，请访问：https://orcid.org。

（3）按要求依次填写个人信息，红色部分为必填。如果以导师的信息进行注册，Title（头衔）处应填写“Prof./Dr.”。

（4）继续填写相关信息。“Available as a Reviewer”根据个人需要，选择是否以后作为该期刊的审稿人。

（5）完成注册，邮箱中收到注册成功的邮件。

2. 开始投稿

（1）登录投稿系统，开始投稿（Submit New Manuscript）。

（2）选择文章类型（Letter/Communication/Article/Review/Correspondence）。

（3）键入标题（Title）。

（4）添加作者（Author），勾选方框确认通讯作者（This is the corresponding author）。

部分期刊对于作者要求严格，会提出“We will not accept changes post-acceptance to the author list.”。因此一定要确认作者的排序、姓名、工作单位是否正确。完成投稿后再修改作者信息，需要提交 Change of the Authorship Form。

(5) 填写基金（Funding）信息。

(6) 选择文章所属分类（Category）。以化学为例，部分期刊将投稿分为 Organic Chemistry、Inorganic Chemistry、Environmental Chemistry 等类别，交由不同的副主编（Associate Editor）进行处理，以提高文章处理速度。

(7) 键入摘要（Abstract）。注意投稿指南（Guide for Authors）中的摘要字数限制。$\alpha$、$\beta$、$\eta$ 等特殊符号可用右上方 Insert Special Character 进行输入。

(8) 键入给编辑的信（Comments)。这里输入的内容将不会呈现给审稿人。通常此处用作填写投稿信（Cover Letter)，但很多期刊会要求 Cover Letter 单独在附件中上传。投稿信中除了对文章内容的总结、亮点的表述外，通常需要说明该文章不存在一稿多投现象，没有利益冲突（Conflict of Interest)。

(9) 推荐或回避审稿人（Suggest/Oppose Reviewers)。

(10) 添加附件（Attach Files)。根据投稿指南（Guide for Authors）中的要求，在不同的 Item 中上传附件。稿件（Manuscript）为必须，部分期刊要求单独上传图片（Figures）和表格（Tables)、投稿信（Cover Letter)、图摘（Graphical Abstract)、版权转让协议书（Copyright Transfer Agreement)。也可上传附加材料（Supplementary Materials)，通常为非关键性的辅助数据、其他图表、影片、音频等。

注意投稿系统对文件的大小要求（Size)。全部上传完成后可以用 Order 来调整顺序，通常投稿系统有自己默认的顺序，一般为：Cover Letter、Highlights、Graphical Abstract、Manuscript、Tables、Figures、Supplementary Materials、Declaration of Competing Interests、Copyright Transfer Agreement 等，有的期刊还会包括 Credit Author Statement 等内容。

(11) 生成 PDF 确认文件（Build PDF for my Approval)。

3. 投稿确认

(1) 当投稿所用的 PDF 生成后，邮箱会收到一封邮件。回到投稿系统，点击左侧的 Action Links，选择继续修改（Edit）或确认提交（Approve)。确认下载后的 PDF 无误后，完成提交。

(2) 投稿成功，Submissions Being Processed（正在处理的投稿）数量为（1)。

点击链接可以追踪文章投稿后状态的变化。通常为：New Submission→With Editor→Under Review→Required Review Completed→Decision in Process→

Minor Revision/Major Revision/Reject and Resubmit/Reject→Accept。

一般来说，大多数在线论文提交系统都会包含上面的步骤，有些可能会再多些内容。看到额外的步骤，按要求填写即可。

中文论文投稿过程与SCI论文大体相同，不再赘述，投稿流程一般如图9.1所示。

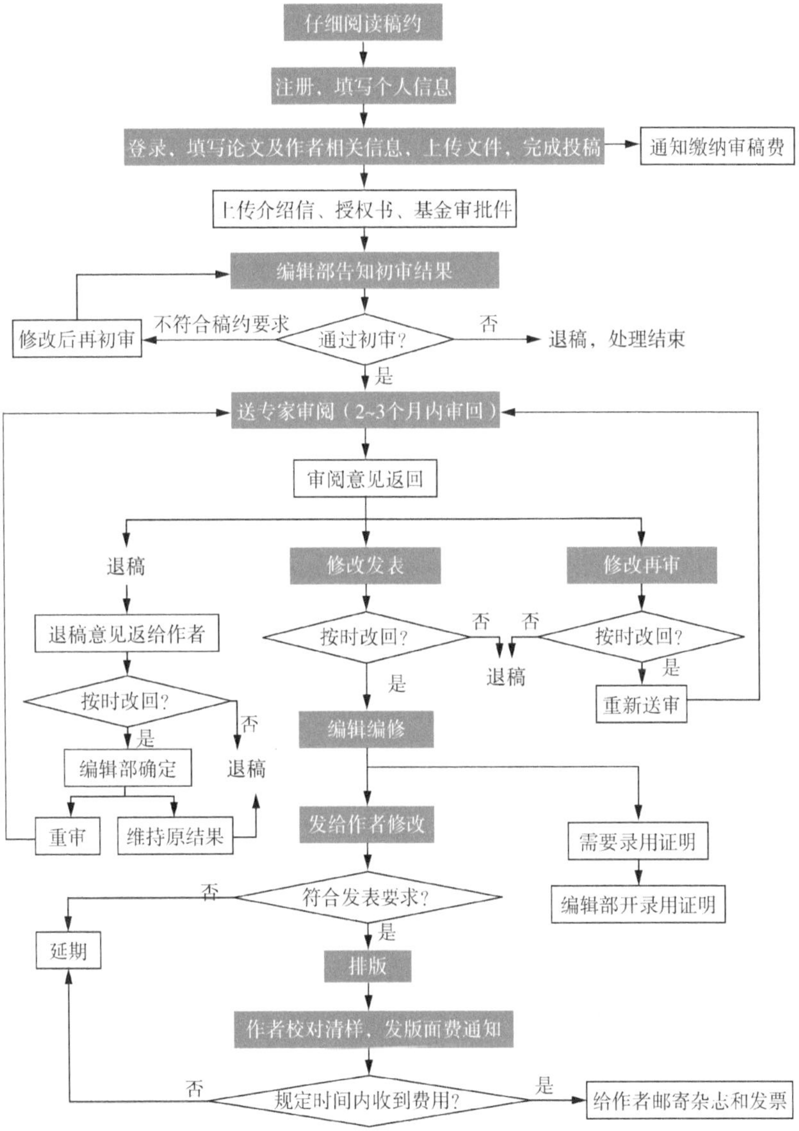


图9.1　投稿流程

## 9.3 论文评审过程

1. 编辑、管理编辑和文稿编辑

投稿是否被录用由编辑来决定，所以科学期刊的编辑本身就是科学家，而且通常是很有名望的科学家。编辑不仅要做出最终的“录用”或“拒绝”的决定，还要指定合适的审稿人以听取他们对稿件的评审意见。如果作者不同意论文的评审意见或录用决定，可以直接向编辑投诉，提出自己的疑问。

管理编辑一般是有酬的全职人员，而编辑通常是无酬的、志愿提供帮助的科学家（少数大型科学与医学期刊雇用有酬的全职编辑，很多期刊，特别是医学期刊和那些商业发行的期刊将付酬给兼职编辑）。通常管理编辑与是否录用稿件的决定无直接关系，他们的任务是帮助编辑处理审稿过程中的文书或行政事务，并且负责论文录用后到发表前的各项事宜。所以，如果在论文的校样阶段和发表阶段有什么问题，应该同管理编辑联系。简单来说，投稿被录用前的问题通常由编辑负责处理，而投稿被录用后出现的问题则由管理编辑负责处理。

在投稿被录用后，可能还要同文稿编辑（manuscript editor）打交道。文稿编辑，又称文字加工编辑（copy editor），可能是期刊办公室的员工，也可能是出版商的员工。文稿编辑对录用后的论文进行编辑，以保证论文同期刊风格和格式保持一致。文稿编辑也帮助检查和修改论文中的语法、拼写和标点符号错误。有些期刊的文稿编辑甚至会帮助论文作者遣词造句，以使论文意思更加清楚和简练。如果对论文内容有疑问（例如发现表格中的数字与正文中的数字不符），文稿编辑会要求作者澄清。作者应该把文稿编辑视为自己的合作伙伴，因为文稿编辑能帮助作者向读者更准确有效地介绍已做的科研工作。

2. 审稿过程

当一篇稿件送达期刊的编辑时，编辑（也可以是管理编辑）对稿件作初步判定。首先确认稿件研究的内容是否属于期刊的征稿范围，如果明显不是，稿件会被立刻退回给投稿人，同时编辑部会附函简短说明退稿原因。期刊编辑很重要的一个职责就是界定期刊的征稿范围。这种情况下的退稿并不是否定稿件中的研究成果或结论。投稿人接下来要采取的措施就是将论文另投其他刊物。

如果稿件内容属于期刊的征稿范围，接下来就要确认稿件的格式是否符合要求，稿件是否内容齐全，有没有遗漏任何部分、表格或图片，稿件是否基本符合该期刊的投稿格式，如果有任何一个问题的答案是否定的，稿件会被立刻退回给作者，要求修改稿件，这样将导致审稿进度推迟。大多数编辑都不会用格式不符合要求的稿件去浪费编辑委员会成员和顾问的宝贵时间，所以格式不合要求的稿件通常都不会送去审稿。仅当稿件同时满足上述两项要求（内容相关，格式正确）时，编辑才会考虑该稿件是否可能送审以及发表。

接下来编辑要做两项重要工作。第一，要为投稿建立档案，以便稿件能在评审过程和录用后的发表过程中得到很好的跟踪。现在许多大型期刊都有用于记录投稿状态的电子系统，系统内会详细记录所投论文的状态和持续时间，这为记录和追踪稿件情况带来了极大方便。第二，编辑要决定由谁来审稿。有些期刊可能有不止一位编辑，并且还设有助理编辑，负责直接与审稿人和作者联系。大多数期刊都会为每篇稿件选择两位以上审稿人；有些领域的期刊，特别是交叉学科领域的期刊，经常为每篇稿件选择三位以上的审稿人；而少数期刊只为每篇稿件选一位审稿人。显然，审稿人应该是投稿作者的同行（更准确地说，审稿人应该是投稿作者所属领域的专家），否则审稿人的意见毫无价值。一般期刊会采用恰当的记录管理，可以为编辑确定审稿人提供不少方便。有些期刊向所有审稿人发送问卷调查，根据问卷调查的结果，期刊编辑部就可以建立记录审稿人专业特长的信息数据库。有些期刊还会对过往审稿人的审稿效率和质量进行记录，方便日后为新的稿件选择合适的审稿人。大多数期刊都采用匿名审稿的方式，有些期刊会在把稿件送交审稿人之前去掉稿件作者的名字。

同行评议一直以来都备受关注和讨论，有些国际大会也以“Peer Review”（同行评议）为主题开展研讨。尽管同行评议制度的各个方面都受到过批评，但自1750年以来同行评议就一直被普遍采用，形式也基本没什么变化，这一事实足以证明同行评议的重要价值。

3. 编辑的决定

如果审稿人都认为投稿不用修改或只需少许修改就可以录用，并且审稿人都清楚说明了录用该稿件的充分理由，那么编辑的决定就很明确。不过很多时候审稿人的意见相互矛盾，或者审稿人未能给出充分理由来支撑自己的审稿意见，这种情况下，编辑要么自己来给出录用与否的决定，要么把稿件再寄给另外的一位或几位审稿人，看看大多数人的意见如何。如果编辑在该稿件所属的专业领域有一定造诣，编辑本人就能充当第三审稿人，那么编辑可以采用前一种做法，自己作出是否录用该投稿的决定；特别是前两位审稿人的意见中，一方明显要比另一方更有说服力的时候，编辑通常会采用前一种做法。编辑如果对稿件所属领域不熟悉，就必须采用第二种做法。有些期刊收到的稿件太多，而可以发表的论文数量有限，这种情况下，如果审稿人没有对一篇稿件的主要内容和贡献给出强有力的支持意见，该稿件即使得到的审稿意见都是“建议录用”也可能被编辑拒绝录用。

一旦审稿过程结束，编辑就会给出录用与否的决定并通知作者。编辑委员会成员和审稿人只是在审稿意见中向编辑提出建议，最终是否录用某篇稿件的决定由编辑基于审稿人意见作出。

编辑的决定不外乎三种：录用（accept）、退稿（reject）和退改（modify）。一般在收到投稿 4～6 周内，期刊编辑能给出对该投稿录用与否的决定。作者在投稿 8 周后如果没有收到期刊编辑的决定通知，就可以联系编辑咨询。作者有权利在投稿一定时间后获知期刊编辑部对投稿的决定，可以向期刊编辑部致电或去信查询，这样还可能让隐藏的问题得到关注和解决。比如：期刊编辑已对投稿达成录用与否的决定，但作者尚未收到编辑部的通知；或者期刊编辑尚未对投稿达成录用与否的决定（通常是由于没有收到审稿人的审稿意见），那么作者的查询可能会督促期刊编辑早日给出录用与否的决定。

4. 录用信

作者收到的编辑对于投稿被录用的通知。

5. 退改信

相比直接收到录用信，投稿人更可能收到的是退改信和审稿人的审稿意见。退改信里可能会这样说：“Your manuscript has been reviewed, and it is being returned to you with the attached comments and suggestions. We believe these comments will help you improve your manuscript.”。这就是常见的退稿信开头的措辞。在退改信里会指出，仅当作者按照审稿人意见修改投稿后才可以被期刊发表。事实上，投稿不用任何修改就被期刊编辑录用的情况很少，大多数投稿作者收到的都是退改信或退稿信。

收到退改信后，应该仔细阅读退改信和审稿人意见（大多数情况下，退改信都是标准格式，重要的是审稿人意见；有时，退改信里会给出一些具体的指导，比如会就审稿人意见不一致的地方为作者提出修改意见）。此时，最重要的问题就是作者是否能够以及是否愿意按照要求修改投稿。

如果投稿的两位审稿人都指出投稿中的同一问题，那肯定有必要纠正这一问题。又如审稿人可能审稿时对文稿中的某些内容或观点有误解，这种情况下，应该仔细检查投稿中让审稿人产生误解的部分，对这部分进行修改完善。

如果要做的修改很少，则应该尽快修改。如果退改信指出要对论文做重大修改，应该静下心来，对投稿和审稿人意见进行慎重考虑。回复审稿意见时，尽量做到态度诚恳，针对审稿意见逐条回复，必须要说明做了什么修改，如果没有根据审稿意见进行修改，作者必须说明为什么原来的内容、图表或论点比较好。修改投稿时应牢记以下原则：

① 告诉编辑你已经仔细考虑过投稿论文所收到的建议；

② 回应的内容越详细完整越好（但也不是盲目回复，关于语法和标点符号之类的建议不需要一点一点地回应）；

③ 针对文章核心内容的部分的问题提供足够的证据支持；

④ 如果审稿人误解了什么内容，可以进行说明；

⑤ 不要害怕承认原来的内容不够清楚，但也不需要自贬；

⑥ 用字遣词要注意，要有逻辑，展现修改后的内容比原先进步多少，为什么现在是值得发表的文章。

如果决定对论文做修改并再次投稿，要尽力赶在退改信中给出的截止日期前将修改稿返回编辑部。大多数编辑要求投稿人在一定期限内将修改稿返回给编辑部。如果能在截止日期前将修改后的论文返回，编辑可能会立刻录用这篇根据审稿人意见做了修改的稿件。如果稿件的修改太大，编辑可能会将稿件再送交给上次评审这篇论文的审稿人。如果在修改稿中所做的修改符合退改信中审稿意见的要求，或者作者能够解释清楚为什么有些没有按照退改信中审稿意见修改，那么修改稿可能会被录用。

如果在截止日期过后才把修改稿返回到编辑部，编辑就会将这篇修改稿归类为新投稿，对这篇修改稿重新安排审稿，审稿人可能并不是上次那几位审稿人，因此这种情况应该避免。如果无论如何也无法在截止日期前将修改稿返回期刊编辑部，应尽早向期刊编辑解释情况，编辑会酌情考虑将截止日期推迟。

## 9.4 论文校样过程

1. 为什么要作者来参与校对

让作者认真检查校样的主要目的是让作者检查校样中是否有排版、书写或表述错误。即使作者在投稿前仔细检查了文稿中的书写和语法错误，但只要有人对所投稿件做过修改，那么校样中就可能存在错误。而论文中的排版问题可能会妨碍理解，书写或表述错误甚至会导致文章含义改变。如果发表出来的论文有以上错误，很多问题都会陆续出现，作者的声誉可能会因此受损。

2. 校样过程

投稿被录用通常要经过一个文字加工过程。文字加工编辑除了要检查和改正稿件中的拼写和语法错误之外，还会根据期刊的格式来规范稿件中的缩写、度量单位和标点符号等。如果稿件中有表述不清楚的地方或者需要作者提供额外的信息的地方，那么文字加工编辑会将这些问题连同已排版的校样一并寄给作者。有时，编辑部会在准备校样前将这些问题和经过文字加工编辑修改的文稿寄给作者，并要求作者尽早就相关问题给出回复。最后，作者将修改后的校样返回给编辑部，排版人员再将作者对校样所做的修改输入排版系统中。排版系统给出的定稿就是发表出来的论文。

3. 参考文献校对

收到论文校样后，作者应该认真核查参考文献的准确性，包括格式、文献信息，这是容易被忽视的部分。如果要添加参考文献，并不用对论文正文做重大修改，只要按照期刊格式要求在正文中加上相关内容即可。如果不能确信如何在校样中修正参考文献，可以同期刊编辑部联系。

4. 插图校对

一般情况下，图表在印刷时不会出现质量问题，但是文字加工排版时可能会将图片缩得太小，以至于无法看清图片数据或照片；或是排版调整图片时对各部分缩放不一致，导致图画失真。收到论文后，作者应认真核查文章中的图表数据或者涉及的图（照）片，如有问题，应尽快与编辑部联系，保证图表和图（照）片准确清晰。

5. 其余注意事项

编辑部将论文的校样传送给作者，目的是让作者检查校样中是否有排版、书写等错误。作者在收到论文校样后，不应该改写论文、删减论文内容或是进行其他大的修改。因为一方面如果作者对论文再做重大修改，那么修改后的论文就不是审稿人和编辑曾经录用的那篇论文。另一方面，修改已排版的材料可能会产生新的排版错误。虽然大多数出版商都乐于承担作者修改校样所产生的额外成本，但是，如果大量修改校样，有管理编辑或商务经理的期刊，可能会要求作者自己承担大量修改所产生的费用。

## 参考资料：

[1] 艾思科蓝．发表 SCI 论文需要准备哪些资料呢？［EB/OL］.（2020-11-01）. https：//www. ais. cn/news/featured/16616.

[2] 医晋无忧．科技论文投稿选刊时应遵循三个原则［EB/OL］.（2020-07-14）. https：//baijiahao. baidu. com/s？id=1672157227525631228.

[3] 美辑科研．论文投稿选择目标刊物的 5 个要点［EB/OL］.（2019-11-16）. https：//zhuanlan. zhihu. com/p/92076935.

[4] 二常醒．关于 SCI 论文投稿，这篇文章都说全、说透了［EB/OL］.（2020-01-06）. http：//www. 360doc. com/content/20/0106/00/49836098 _ 884402595. shtml.

# 第十章

# 学位论文的写作

## 10.1 学位论文的定义

学位论文是表明作者从事科学研究取得创造性的结果或有了新的见解，并以此为内容撰写而成、作为提出申请授予相应的学位时评审用的学术论文。按照申请学位不同，可以分为学士学位论文、硕士学位论文和博士学位论文。不同学位论文的要求不同，一般来说：学士学位论文或设计应反映出作者具有专门的知识和技能，具有从事科学技术研究或担负专门技术工作的初步能力；硕士学位论文是在导师指导下完成的，但必须具有一定程度的创新性，强调作者独立思考的作用，通过答辩的硕士学位论文，应该达到了发表水平；博士学位论文可以是一篇论文，亦可以是相互关联的若干篇论文的总和，它应反映出作者具有坚实广博的基础理论和系统深入的专门知识，具有独立从事科学技术研究工作的能力，在该科学技术领域做出了创造性的成果。

## 10.2 学位论文的结构

为了统一学术论文、学位论文以及科学技术报告的撰写和编辑格式，便于信息系统的收集、存储、处理、加工、检索、交流和传播，国家出台了《学位论文编写规则》(GB/T 7713.1—2006)、《学术论文编写规则》(GB/T 7713.2—2022)、《科技报告编写规则》(GB/T 7713.3—2009) 和《信息与文献 参考文献著录规则》(GB/T 7714—2015) 等一系列相关规则。

学位论文由前置部分、主体部分、参考文献、附录部分（必要时）、结尾部分（必要时）组成。前置部分包括封面、题名页、声明及说明、前言、摘要（中、英文）、关键词（中英文）、目次页、插图和附表清单（必要时）、符号、标志、缩略词、首字母缩写、单位、术语、名词解释表（必要时）。主体部分包括绪论（作为正文第一章）、正文、结论、参考文献表、致谢等。附录部分包括必要的各种附录，结尾部分包括索引和封底。顺序一般如下：①中文封面；②题名页；③学位论文原创性声明和非公开学位论文标注说明；④学位论文使用授权书；⑤中文摘要；⑥Abstract；⑦序言或前言（如有）序言或前言一般是作者对本篇论文基本特征的简介，如说明研究工作的缘起、背景、主旨、目的、意义以及资助等。这些内容也可以在正文引言（绪论）中说明。⑧目录；⑨图和附表清单（如有）；⑩符号、标志和缩略语等的注释表（如有）；⑪正文；⑫附录；⑬参考文献；⑭分类索引，关键词索引（如有）；⑮致谢。

# 10.3 学位论文的要求

## 10.3.1 学位论文写作要求

前文已经简要介绍了学位论文的主要结构，接下来详细说明构成论文的每一部分内容的写作要求。

1. 前置部分

(1) 封面

封面是论文的外表面，提供应有的信息，并起保护作用。封面上应包括下列内容：

① 分类号：在左上角注明分类号，便于信息交换和处理，一般应注明《中国图书资料分类法》的类号，同时应注明《国际十进分类法》(Universal Decimal Classification) 的类号。

② 密级：在右上角注明密级。

③ "硕士/博士学位论文"：用大号字标明。

④ 题名和副题名：用大号字标明。

⑤ 作者姓名。

⑥ 学科专业名称。

⑦ 研究方向。

⑧ 导师姓名，职称。

⑨ 日期包括论文提交日期和答辩日期。

⑩ 学位授予单位。

(2) 题名页、英文扉页、学位论文独创性声明及使用授权说明

题名页是对论文进行著录的依据。题名页应为右页。题名页除上述内容外，一般还应包括下列各项：外文题名，学位论文语种，摘要语种，作者学号，论文页数等。

英文扉页内容为论文题目、作者姓名、导师姓名等，翻译应正确。位置在题名页的下一页。

学位论文独创性声明及使用授权说明单设一页，位置在英文扉页的下一页。

(3) 题名

① 题名是以最恰当、最简明的词语反映论文中最重要的特定内容的逻辑组合。

题名所用每一词语必须考虑到有助于选定关键词和编写题录、索引等二次文献可以提供检索的特定实用信息。

题名应避免使用不常见的缩略词、首字母缩写字、字符、代号和公式等。

题名一般不宜超过 25 字。

② 可以有副题名。

③ 题名和副题名在整篇论文中不同地方出现时，应保持一致。

(4) 前言

前言是作者对本论文基本特征的简介，如论文背景、主旨、目的、意义等，并简述本论文的创新性成果。

(5) 摘要

① 摘要是论文内容不加注释和评论的简单陈述。

② 论文应有中、英文摘要，中、英文摘要内容应相同。

③ 摘要应具有独立性和自含性，即不阅读论文的全文，便能获得必要的信息。摘要中有数据、有结论，是一篇完整的短文，可以独立使用，可以用于推广。摘要应包含与论文同等量的主要信息，供读者确定有无必要阅读全文，也可供文摘等二次文献引用。摘要的重点是成果和结论。

④ 中文摘要一般字数为 300～600 字，英文摘要实词在 300 个左右。

⑤ 摘要中避免采用图、表、化学结构式、非公知公用的符号和术语。

(6) 关键词

关键词是为了文献标引工作从论文中选取出来用于表示全文主题内容信息的单词或术语。

每篇论文选取 3～8 个词作为关键词，以显著的字符另起一行，排在摘要的左下方。在英文摘要的左下方应标注与中文对应的英文关键词。

(7) 目次页

目次页由论文的章、节、附录等的序号、名称和页码组成，另页排在摘要的后面。

(8) 插图和附表清单

论文中如图表较多，可以分别列出清单并置于目次页之后。图的清单应有序号、图题和页码。表的清单应有序号、表题和页码。

(9) 符号、标志、缩略词、首字母缩写、计量单位、名词、术语等的注释表

符号、标志、缩略词、首字母缩写、计量单位、名词、术语等的注释说

明汇集表，应置于图表清单之后。若上述符号使用数量不多，可以不设此部分，但在论文中出现时必须加以说明。

2. 主体部分

学位论文的主体部分应从右页开始，每一章应另起页。博士学位论文一般 10 万字左右，硕士学位论文 5 万字左右，学士学位论文 1 万字左右。在保证学位论文质量的前提下，各一级学科可根据学科特点自行规定论文字数。

学位论文主体应做到层次分明、脉络清晰、合乎逻辑，并且论点明确，论据翔实、可靠，论证充分、有力。主体每一逻辑段落可冠以适当标题（章、节、分标题、小标题等）。主体结构一般由引言（绪论）、文献综述、社会实践阐述、理论分析论证（设定分析前提与建立基本模型）、实证分析检验、结论等部分组成。主体段落的划分，应视论文性质与内容而定，主体层次序号全文应一致。

论文的结论部分，应反映论文中通过实验、观察研究并经过理论分析后得到的学术见解，是学位论文总体的结论。结论部分的写作要求准确、精练，结论的内容一般应包括：本文研究结果说明了什么问题，对前人有关的看法作了哪些修正、补充、发展、证实或否定，本文研究的不足之处或遗留未予解决的问题，以及对解决这些问题的可能的关键点和方向。

对论文中某一特定内容的进一步解释或补充说明可以采用注释方式处理，注释一律采用脚注方式，脚注采用当页单独排序的方式。

（1）序号

① 论文的章可以写成：第一章。节及节以下均用阿拉伯数字编排序号，如 1.1、1.1.1 等。

② 论文中的图、表、附注、参考文献、公式、算式等一律用阿拉伯数字分别分章依序连续编排序号。其标注形式应便于互相区别，一般用下例：

图 1.2；表 2.3；附注 1)；文献 [4]；式（6.3）等。

③ 论文一律用阿拉伯数字连续编页码。页码由首页开始，作为第 1 页，并为右页另页。封页、封二、封三和封底不编入页码，应为题名页、前言、目次页等前置部分单独编排页码。页码必须标注在每页的相同位置，便于识别。

④ 附录依序用大写正体 A、B、C 等编序号，如：附录 A。附录中的图、表、式、参考文献等另行编序号，与正文分开，也一律用阿拉伯数字编码，但在数字编码前题以附录顺序码，如：图 A.1；表 B.2；式（B.3）；文献 [A.5] 等。

（2）绪论

绪论的内容应包括论文研究工作的背景、目的，并对研究方向相关领域的最新进展进行综述，对有关进展和问题进行评价，并在此基础上，提出本论文的研究设想、研究方法和技术路线以及意义等。绪论应表明作者对研究方向相关的学科领域有系统深入的了解，论文具有先进性和前沿性。一般在教科书中有的知识，在绪论中不必赘述。

（3）正文

论文的正文是核心部分，占主要篇幅。正文必须实事求是、客观真切、准确完备、合乎逻辑、层次分明、简便可读。

正文的每一章（除绪论外）应有小结，在小结中应明确阐明作者在本章中所做的工作，特别是创新性成果。凡本论文要用的基础性内容或他人的成果不应单独成章，也不应做过多的阐述，一般只引结论、使用条件等，不作推导。

（4）图

图包括曲线图、构造图、示意图、框图、流程图、记录图、布置图、地图和照片等。每幅图应有简短确切的图题，连同图号置于图下。必要时，应将图上的符号、标记、代码，以及实验条件等，用最简练的文字，横排于图题下方，作为图例说明。曲线图的纵、横坐标必须标注“量、标准规定符号、单位”。此三者只有在不必要标明（如无量纲等）的情况下方可省略。坐标上标注的量的符号和缩略词必须与正文一致。照片图要求主题和主要显示部分的轮廓鲜明，便于制版。如用放大缩小的复制品，必须清晰，反差适中。照片上应该有表示目的物尺寸的标度。图应具有“自明性”，即只看图、图题和图例，不阅读正文，就可以理解图意。

（5）表

表的编排，一般是内容和测试项目由左至右横读，数据依序竖读。每一表应有简短确切的表题，连同编号置于表上。必要时，应将表中的符号、标记、代码，以及需要说明事项，以最简练的文字，横排于表题下，作为表注，也可以附注于表下。表内附注的序号宜用小号阿拉伯数字并加圆括号置于被标注对象的右上角，如：×××1)，不宜用“*”，以免与数学上共轭和物质转移的符号相混。

表的各栏均应标明“量或测试项目、标准规定符号、单位”。只有在无必要标注的情况下方可省略。表中的缩略词和符号，必须与正文中一致。表内同一栏的数字必须上下对齐。表内不宜用“同上”“同左”和类似词，一律填入具体数字或文字。表内“空白”代表未测或无此项，“—”或“---”代表未发现，“0”代表实测结果确为零。

（6）数学、物理和化学式

正文中的公式、算式或方程式等应编排序号，序号标注于该式所在行（当有续行时，应标注于最后一行）的最右边。

较长的公式，另行居中横排。如公式必须转行时，只能在“+”“-”“×”“÷”“<”“>”处转行。上下式尽可能在等号“=”处对齐。

小数点用“.”表示。大于999的整数和多于三位数的小数，一律用半个阿拉伯数字符的小间隔分开。对于纯小数应将0列于小数点之前。

示例：应该写成94 652.023 567、0.314 325，不应写成94，652.023，567、.314，325

应注意区别各种字符，如：拉丁文、希腊文、俄文、德文花体、草体；罗马数字和阿拉伯数字；字符的正斜体、黑白体、大小写、上下脚标（特别是多层次，如“三踏步”）、上下偏差等。

（7）计量单位

报告、论文中的计量单位必须采用国务院发布的《中华人民共和国法定计量单位》，并遵照《中华人民共和国法定计量单位使用方法》执行。单位名称和符号的书写方式一律采用国际通用名称和符号。

（8）符号和缩略词

符号和缩略词应遵照国家标准的有关规定执行。如无标准可循，可采纳本学科或本专业的权威性机构或学术团体所公布的规定；也可以采用全国自然科学名词审定委员会编印的各学科词汇。如不得不引用某些不是公知公用的，且又不易为同行读者所理解的，或系作者自定的符号、记号、缩略词、首字母缩写字等时，均应在第一次出现时一一加以说明，给以明确的定义。

（9）结论

论文的结论是最终的、总体的结论，不是正文中各段的小结的简单重复。结论应该准确、完整、明确、精练。在结论中要清楚地阐明论文中有哪些自己完成的成果，特别是创新性成果。如果没有确切的结论，也可以没有结论而进行必要的讨论。可以在结论或讨论中提出建议、研究设想、仪器设备改进意见、尚待解决的问题等。

（10）致谢

在正文后可以向对论文完成有帮助的组织或个人致谢，包括：国家科学基金、资助研究工作的奖学金基金、合作单位，资助或支持的企业、组织或个人；协助完成研究工作和提供便利条件的组织或个人；在研究工作中提出建议和提供帮助的人；给予转载和引用权的资料、图片、文献、研究思想和设想的所有者；其他应感谢的组织或个人。

3. 参考文献表

（1）专著著录格式

主要责任者，其他责任者，书名，版本，出版地：出版者，出版年

例：刘少奇，论共产党员的修养，修订2版，北京：人民出版社，1962.

（2）连续出版物中析出的文献著录格式

析出文献责任者，析出文献其他责任者，析出题名，原文献题名，版本：文献中的位置。

例：李四光，地壳构造与地壳运动，中国科学，1973（4）：400-429.

（3）期刊论文参考文献格式

期刊作者．题名［J］．刊名，出版年，卷（期）：起止页码．

例：李轶，万芬芬，张文龙．长三角地区工业园区水资源高效利用的发展趋势与策略［J］．河海大学学报（自然科学版），2023，51（03）：1-9.

参考文献采用顺序编码制，按论文正文所引用文献出现的先后顺序连续编码。

4. 附录

附录是作为主体部分的补充，并不是必需的。

附录是学位论文的一个组成部分，列于论文之后，多见于博士论文。有补充性附录和参考性附录两种。一般包括以下内容：

（1）编入正文有损于编排的条理和逻辑性，为了整篇论文的完整又必须提供的材料。例如：比正文更为详尽的信息、研究方法和对技术更深入的叙述，建议可以阅读的参考文献题录，对了解正文内容有用的补充信息等。

（2）由于篇幅过大或取材于复制品而不便编入正文的材料。

（3）一般读者并非必要阅读，但对本专业同行有参考价值的资料。如某些重要的临床记录、统计表、注释等。

（4）某些重要的原始数据、数学推导、计算程序、框图、结构图、注释、统计表、计算机打印输出件等。

一篇学位论文可以有几个附录，每个附录应另起一页书写。“附录”二字写在附录首页上方居中位置，单独占一行。附录用大写拉丁字母从A起连续

编号，编号写在“附录”两字后面，如附录 A、附录 B 等。附录如需标题，应写在“附录”二字下面一行居中位置。附录中的小标题编号方法与正文相似，但必须在其编号前面加上附录的编号。附录中图、表应在每个附录内单独编号，附录应与正文连续编页码。

5. 结尾部分（必要时）

为了将论文迅速存储入电子计算机，可以提供有关的输入数据。可以编排分类索引、著者索引、关键词索引等。

### 10.3.2 学位论文印制要求

论文必须用 A4（210 mm×297 mm）标准大小的白纸印刷。纸的四周应留足空白边缘，上方和左侧应空边 25 mm 以上，下方和右侧应空边 20 mm 以上。除前置部分外，其他部分双面印刷。论文装订不要用铁钉，以便长期存档和收藏。论文封面与封底之间的中缝（书脊）必须有论文题目、作者和学校名。

## 10.4 学位论文盲审要求

### 10.4.1 学位论文盲审要点

1. 注意事项

(1) 参加盲审的学位论文必须重复率合格。

(2) 所递交的论文必须隐去作者与指导教师的名字，包括封面与致谢都必须把名字去掉。

(3) 参加盲审的论文格式需与学校格式要求完全一致，具体到标点符号的使用规范。

(4) 盲审结果可复议。

(5) 送审的论文不可超过送审期限，截止日期之前未提交，则视为放弃，延迟毕业。

2. 盲审要求

(1) 系统上传的盲审版论文以论文题目命名，系统不识别特殊符号，故文件名里面如果有特殊符号，请做修改，以免上传无效。

(2) 论文独创性声明和使用授权声明请勿签名。

(3) 论文中不要出现研究生姓名、导师姓名等有关信息。

(4) 删去致谢页。

(5) 研究生发表论文注明是第几作者即可，不要出现作者和他人姓名，即论文中不得出现导师姓名、作者姓名以及其他有可能辨认出论文来源的字样，格式要求与学校抽检格式一样。

(6) 论文封面隐去作者姓名和指导教师姓名，保留学科专业名称及论文题目。

(7) 中英文扉页隐去作者姓名、导师姓名、班级、学号等个人信息，保留学科专业名称及论文题目。

3. 具体要求

(1) 硕士学位论文的评审老师应为两位，有一票否决权。博士学位论文评审老师有三位，两位同意，一位不同意，直接否决；三位同意，直接通过可答辩；一位通过，两位同意修改，即修改后可答辩；两位通过，一位同意修改，也可修改后答辩。

(2) 要按照盲审意见认真修改，经过导师同意后，才可以答辩。

(3) 盲审的论文的实验数据、建模结果以及设计方案，一般都会被验证，因此需要提供完整的数据，尤其是博士论文。

送审前应完成以下事项：

① 硕/博士生的课程成绩应通过培养办审核盖章；

② 硕/博士生的开题、预答辩和重复率检测应通过学院的认证；

③ 硕/博士生在学期间发表的学术文章达到学院学位论文送审的要求。

以上事项学院审核通过后，学位论文方可送审。

### 10.4.2 学位论文盲审内容

(1) 浏览全文看格式和排版。

文章格式不规范是态度问题，格式正确美观，会给评阅人留下好印象。

(2) 审查论文的结构性和逻辑性。

论文的结构性是最基础也是最重要的，主要审查论文的框架究竟有没有完善。如果说一篇文章的框架非常凌乱，很容易就被看出来是一篇堆砌的文章，论文就很难通过审核。因此论文一定要做到逻辑严密、内容详细，要细化到三级标题。在写作的过程中应参照论文大纲，紧扣论文主旨，确保不偏题、不跑题。

另外，还要审查摘要、结论是否简洁凝练，是否说明研究工作的目的、研究方法和最终结论等。摘要和结论是对论文的高度概括和提炼升华，也是老师优先阅读的内容，有时候会有先入为主的感觉。老师在看摘要、结论中的论点论据和创新点时会返回到论文中进行查证，所以摘要、结论不仅要书写规范、表达明确，而且要做到前后呼应。

摘要和结论的撰写要注意以下两个方面：

① 要围绕研究假设或预期进行展开，通过摆事实、列数据、提论据等方式进行客观阐述；

② 表达作者对研究结果的观点和看法，揭示出本文研究的创新之处。

所以在写论文之前就应该和自己的导师确定论文的框架，并且根据框架拟好大纲来写论文。

逻辑性不仅应存在于整篇文章的框架中，而且关乎每一个章节、节点与节点之间的关系，如：章节论点是否呼应主题，是否具有联系等，到了节点之中，主体之间的论述关系都需要反复斟酌。

(3) 审查论文的研究方案是否科学严谨。

作者需要有足够的思辨和证据来支撑自己的观点，要能最大限度地自圆其说。案例分析、数据分析、实验、画图、设计稿，一般自我分析不低于总体的百分之六十，理论结合不低于整体的百分之三十，设计稿不可截图。

(4) 审查论文的内容是否规范严谨。

还要审查论文的工作量是否达到毕业要求。对摘要、关键词、论文格式、引用标注、参考文献等进行检查。特别是引证，凡是使用了别人观点的地方，都必须注明材料来源。论文中评论他人的研究工作时，一定要客观，避免引起纠纷，特别是谈论其不足和缺点时，一定要慎重，没有把握时，切不可凭感觉或印象随意发表评论。

(5) 论文创新点是否突出。

写作学位论文的时候，作者应将研究工作的创新点或特色准确归纳，传递给读者。作为毕业论文，在选题有一定的意义的基础上，归纳出 2—3 个创新点就相当不错了。

(6) 审查注释、参考文献是否与时俱进。

主要审查参考文献的时效性和权威性。如果未引用本研究领域的权威文章，说明可能文献梳理不足；引用文献量过少或过旧，说明可能对本研究领域了解不够透彻，近 5 年内文献数量不能太少，至少要占 1/3 以上；切忌引用文献与文章的研究没有相关性。

# 附录

# 附录1
# 《高等学校预防与处理学术不端行为办法》

## 第一章 总则

**第一条** 为有效预防和严肃查处高等学校发生的学术不端行为，维护学术诚信，促进学术创新和发展，根据《中华人民共和国高等教育法》《中华人民共和国科学技术进步法》《中华人民共和国学位条例》等法律法规，制定本办法。

**第二条** 本办法所称学术不端行为是指高等学校及其教学科研人员、管理人员和学生，在科学研究及相关活动中发生的违反公认的学术准则、违背学术诚信的行为。

**第三条** 高等学校预防与处理学术不端行为应坚持预防为主、教育与惩戒结合的原则。

**第四条** 教育部、国务院有关部门和省级教育部门负责制定高等学校学风建设的宏观政策，指导和监督高等学校学风建设工作，建立健全对所主管高等学校重大学术不端行为的处理机制，建立高校学术不端行为的通报与相关信息公开制度。

**第五条** 高等学校是学术不端行为预防与处理的主体。高等学校应当建设集教育、预防、监督、惩治于一体的学术诚信体系，建立由主要负责人领导的学风建设工作机制，明确职责分工；依据本办法完善本校学术不端行为预防与处理的规则与程序。

高等学校应当充分发挥学术委员会在学风建设方面的作用，支持和保障学术委员会依法履行职责，调查、认定学术不端行为。

## 第二章 教育与预防

**第六条** 高等学校应当完善学术治理体系，建立科学公正的学术评价和学术发展制度，营造鼓励创新、宽容失败、不骄不躁、风清气正的学术环境。

高等学校教学科研人员、管理人员、学生在科研活动中应当遵循实事求是的科学精神和严谨认真的治学态度，恪守学术诚信，遵循学术准则，尊重和保护他人知识产权等合法权益。

**第七条** 高等学校应当将学术规范和学术诚信教育，作为教师培训和学生教育的必要内容，以多种形式开展教育、培训。

教师对其指导的学生应当进行学术规范、学术诚信教育和指导，对学生公开发表论文、研究和撰写学位论文是否符合学术规范、学术诚信要求，进行必要的检查与审核。

**第八条** 高等学校应当利用信息技术等手段，建立对学术成果、学位论文所涉及内容的知识产权查询制度，健全学术规范监督机制。

**第九条** 高等学校应当建立健全科研管理制度，在合理期限内保存研究的原始数据和资料，保证科研档案和数据的真实性、完整性。

高等学校应当完善科研项目评审、学术成果鉴定程序，结合学科特点，对非涉密的科研项目申报材料、学术成果的基本信息以适当方式进行公开。

**第十条** 高等学校应当遵循学术研究规律，建立科学的学术水平考核评价标准、办法，引导教学科研人员和学生潜心研究，形成具有创新性、独创性的研究成果。

**第十一条** 高等学校应当建立教学科研人员学术诚信记录，在年度考核、职称评定、岗位聘用、课题立项、人才计划、评优奖励中强化学术诚信考核。

## 第三章 受理与调查

**第十二条** 高等学校应当明确具体部门，负责受理社会组织、个人对本校教学科研人员、管理人员及学生学术不端行为的举报；有条件的，可以设立专门岗位或者指定专人，负责学术诚信和不端行为举报相关事宜的咨询、受理、调查等工作。

**第十三条** 对学术不端行为的举报，一般应当以书面方式实名提出，并符合下列条件：

（一）有明确的举报对象；

（二）有实施学术不端行为的事实；

（三）有客观的证据材料或者查证线索。

以匿名方式举报，但事实清楚、证据充分或者线索明确的，高等学校应当视情况予以受理。

**第十四条** 高等学校对媒体公开报道、其他学术机构或者社会组织主动披露的涉及本校人员的学术不端行为，应当依据职权，主动进行调查处理。

**第十五条** 高等学校受理机构认为举报材料符合条件的，应当及时作出受理决定，并通知举报人。不予受理的，应当书面说明理由。

**第十六条** 学术不端行为举报受理后，应当交由学校学术委员会按照相关程序组织开展调查。

学术委员会可委托有关专家就举报内容的合理性、调查的可能性等进行初步审查，并作出是否进入正式调查的决定。

决定不进入正式调查的，应当告知举报人。举报人如有新的证据，可以提出异议。异议成立的，应当进入正式调查。

**第十七条** 高等学校学术委员会决定进入正式调查的，应当通知被举报人。

被调查行为涉及资助项目的，可以同时通知项目资助方。

**第十八条** 高等学校学术委员会应当组成调查组，负责对被举报行为进行调查；但对事实清楚、证据确凿、情节简单的被举报行为，也可以采用简易调查程序，具体办法由学术委员会确定。

调查组应当不少于 3 人，必要时应当包括学校纪检、监察机构指派的工作人员，可以邀请同行专家参与调查或者以咨询等方式提供学术判断。

被调查行为涉及资助项目的，可以邀请项目资助方委派相关专业人员参与调查组。

**第十九条** 调查组的组成人员与举报人或者被举报人有合作研究、亲属或者导师学生等直接利害关系的，应当回避。

**第二十条** 调查可通过查询资料、现场查看、实验检验、询问证人、询问举报人和被举报人等方式进行。调查组认为有必要的，可以委托无利害关系的专家或者第三方专业机构就有关事项进行独立调查或者验证。

**第二十一条** 调查组在调查过程中，应当认真听取被举报人的陈述、申辩，对有关事实、理由和证据进行核实；认为必要的，可以采取听证方式。

**第二十二条** 有关单位和个人应当为调查组开展工作提供必要的便利和协助。

举报人、被举报人、证人及其他有关人员应当如实回答询问，配合调查，提供相关证据材料，不得隐瞒或者提供虚假信息。

**第二十三条** 调查过程中，出现知识产权等争议引发的法律纠纷的，且该争议可能影响行为定性的，应当中止调查，待争议解决后重启调查。

**第二十四条** 调查组应当在查清事实的基础上形成调查报告。调查报告应当包括学术不端行为责任人的确认、调查过程、事实认定及理由、调查结论等。

学术不端行为由多人集体做出的，调查报告中应当区别各责任人在行为中所发挥的作用。

**第二十五条** 接触举报材料和参与调查处理的人员，不得向无关人员透露举报人、被举报人个人信息及调查情况。

## 第四章 认定

**第二十六条** 高等学校学术委员会应当对调查组提交的调查报告进行审查；必要的，应当听取调查组的汇报。

学术委员会可以召开全体会议或者授权专门委员会对被调查行为是否构成学术不端行为以及行为的性质、情节等作出认定结论，并依职权作出处理或建议学校作出相应处理。

**第二十七条** 经调查，确认被举报人在科学研究及相关活动中有下列行为之一的，应当认定为构成学术不端行为：

（一）剽窃、抄袭、侵占他人学术成果；

（二）篡改他人研究成果；

（三）伪造科研数据、资料、文献、注释，或者捏造事实、编造虚假研究成果；

（四）未参加研究或创作而在研究成果、学术论文上署名，未经他人许可而不当使用他人署名，虚构合作者共同署名，或者多人共同完成研究而在成果中未注明他人工作、贡献；

（五）在申报课题、成果、奖励和职务评审评定、申请学位等过程中提供虚假学术信息；

（六）买卖论文、由他人代写或者为他人代写论文；

（七）其他根据高等学校或者有关学术组织、相关科研管理机构制定的规则，属于学术不端的行为。

**第二十八条** 有学术不端行为且有下列情形之一的，应当认定为情节严重：

（一）造成恶劣影响的；

（二）存在利益输送或者利益交换的；

（三）对举报人进行打击报复的；

（四）有组织实施学术不端行为的；

（五）多次实施学术不端行为的；

（六）其他造成严重后果或者恶劣影响的。

## 第五章 处理

**第二十九条** 高等学校应当根据学术委员会的认定结论和处理建议，结合行为性质和情节轻重，依职权和规定程序对学术不端行为责任人作出如下处理：

（一）通报批评；

（二）终止或者撤销相关的科研项目，并在一定期限内取消申请资格；

（三）撤销学术奖励或者荣誉称号；

（四）辞退或解聘；

（五）法律、法规及规章规定的其他处理措施。

同时，可以依照有关规定，给予警告、记过、降低岗位等级或者撤职、开除等处分。

学术不端行为责任人获得有关部门、机构设立的科研项目、学术奖励或者荣誉称号等利益的，学校应当同时向有关主管部门提出处理建议。

学生有学术不端行为的，还应当按照学生管理的相关规定，给予相应的学籍处分。

学术不端行为与获得学位有直接关联的，由学位授予单位作暂缓授予学位、不授予学位或者依法撤销学位等处理。

**第三十条** 高等学校对学术不端行为作出处理决定，应当制作处理决定书，载明以下内容：

（一）责任人的基本情况；

（二）经查证的学术不端行为事实；

（三）处理意见和依据；

（四）救济途径和期限；

（五）其他必要内容。

**第三十一条** 经调查认定，不构成学术不端行为的，根据被举报人申请，高等学校应当通过一定方式为其消除影响、恢复名誉等。

调查处理过程中，发现举报人存在捏造事实、诬告陷害等行为的，应当认定为举报不实或者虚假举报，举报人应当承担相应责任。属于本单位人员的，高等学校应当按照有关规定给予处理；不属于本单位人员的，应通报其所在单位，并提出处理建议。

**第三十二条** 参与举报受理、调查和处理的人员违反保密等规定，造成不良影响的，按照有关规定给予处分或其他处理。

## 第六章 复核

**第三十三条** 举报人或者学术不端行为责任人对处理决定不服的，可以在收到处理决定之日起 30 日内，以书面形式向高等学校提出异议或者复核申请。

异议和复核不影响处理决定的执行。

**第三十四条** 高等学校收到异议或者复核申请后，应当交由学术委员会组织讨论，并于 15 日内作出是否受理的决定。

决定受理的，学校或者学术委员会可以另行组织调查组或者委托第三方机构进行调查；决定不予受理的，应当书面通知当事人。

**第三十五条** 当事人对复核决定不服，仍以同一事实和理由提出异议或者申请复核的，不予受理；向有关主管部门提出申诉的，按照相关规定执行。

## 第七章 监督

**第三十六条** 高等学校应当按年度发布学风建设工作报告，并向社会公开，接受社会监督。

**第三十七条** 高等学校处理学术不端行为推诿塞责、隐瞒包庇、查处不力的，主管部门可以直接组织或者委托相关机构查处。

**第三十八条** 高等学校对本校发生的学术不端行为，未能及时查处并做出公正结论，造成恶劣影响的，主管部门应当追究相关领导的责任，并进行通报。

高等学校为获得相关利益，有组织实施学术不端行为的，主管部门调查确认后，应当撤销高等学校由此获得的相关权利、项目以及其他利益，并追究学校主要负责人、直接负责人的责任。

## 第八章 附则

**第三十九条** 高等学校应当根据本办法，结合学校实际和学科特点，制定本校学术不端行为查处规则及处理办法，明确各类学术不端行为的惩处标准。有关规则应当经学校学术委员会和教职工代表大会讨论通过。

**第四十条** 高等学校主管部门对直接受理的学术不端案件，可自行组织调查组或者指定、委托高等学校、有关机构组织调查、认定。对学术不端行为责任人的处理，根据本办法及国家有关规定执行。

教育系统所属科研机构及其他单位有关人员学术不端行为的调查与处理，可参照本办法执行。

**第四十一条** 本办法自 2016 年 9 月 1 日起施行。

教育部此前发布的有关规章、文件中的相关规定与本办法不一致的，以本办法为准。

# 附录 2
# 我国目前颁布的与科研伦理相关的政策文件

| 颁布主体 | 颁布时间 | 文件名称 |
| --- | --- | --- |
| 国务院 | 2001.05 | 《农业转基因生物安全管理条例》 |
| | 2007.03 | 《人体器官移植条例》 |
| | 2018.01 | 《关于全面加强基础科学研究的若干意见》 |
| | 2017.07 | 《新一代人工智能发展规划》 |
| 中共中央办公厅、国务院办公厅 | 2017.10 | 《关于深化审评审批制度改革 鼓励药品医疗器械创新的意见》 |
| | 2018.05 | 《关于进一步加强科研诚信建设的若干意见》 |
| 卫生部 | 1995.02 | 《临床药理基地管理指导原则》 |
| | 2001.02 | 《人类辅助生殖技术的管理办法》<br>《人类精子库管理办法》 |
| | 2003.06 | 《人类辅助生殖技术规范》<br>《人类精子库基本标准和技术规范》<br>《人类辅助生殖技术和人类精子库伦理原则》 |
| 国家卫生和计划生育委员会 | 2016.10 | 《涉及人的生物医学研究医学伦理审查办法》 |
| 科技部、卫生部 | 2003.12 | 《人胚胎干细胞研究伦理指导原则》 |
| 科技部 | 2006.09 | 《国家科技计划实施中科研不端行为处理办法（试行）》 |
| | 2006.09 | 《关于善待实验动物的指导性意见》 |
| | 2017.01 | 《科研事业单位领导人员管理暂行办法》 |
| | 2017.07 | 《生物技术研究开发安全管理办法》 |
| | 2023. 05 | 《人类遗传资源管理条例实施细则》 |
| 教育部 | 2016.04 | 《高等学校预防与处理学术不端行为办法》 |
| 国家药监局<br>国家卫生健康委 | 2020.04 | 《药物临床试验质量管理规范》（Good Clinical Practice，GCP） |
| 国家食品药品监督管理局 | 2010.11 | 《药物临床试验伦理审查工作指导原则》 |
| 国家卫生计生委、食品药品监管总局 | 2015.07 | 《干细胞临床研究管理办法（试行）》<br>《干细胞制剂质量控制及临床前研究指导原则（试行）》 |
| 中医药局 | 2010.09 | 《中医药临床研究伦理审查管理规范》 |

续表

| 颁布主体 | 颁布时间 | 文件名称 |
| --- | --- | --- |
| 国家科学技术委员会 | 1988.11 | 《实验动物管理条例》 |
| 国家自然科学基金委员会 | 2005.03 | 《国家自然科学基金委员会监督委员会对科学基金资助工作中不端行为的处理办法（试行）》 |
| | 2018.12 | 《国家自然科学基金委员会关于进一步加强依托单位科学基金管理工作若干意见》 |
| 中国疾病预防控制中心 | 2012.11 | 《关于非人灵长类动物实验和国际合作项目中动物实验的实验动物福利伦理审查规定》 |
| 上海医药临床研究中心独立伦理委员会 | 2014.03 | 《上海重大疾病临床生物样本库伦理管理指南》 |
| 深圳国家基因库、华中科技大学、华大基因 | 2017.04 | 《生物样本库样本/数据共享伦理指南》 |

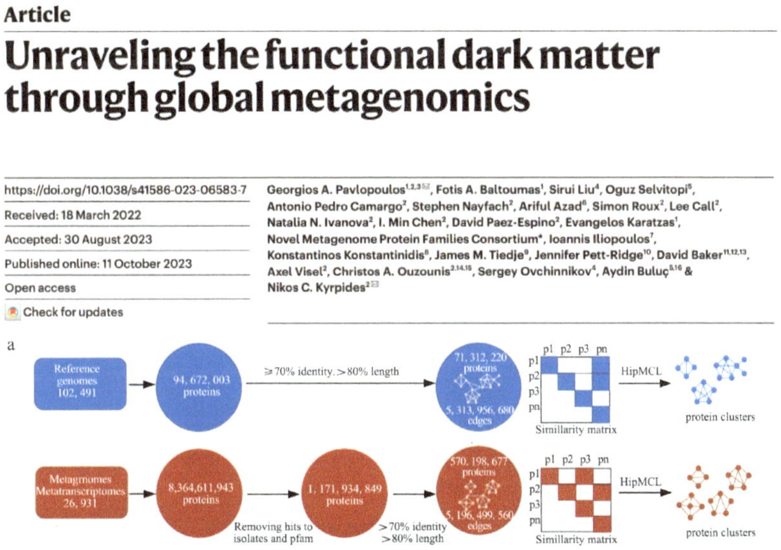

Article

# Unraveling the functional dark matter through global metagenomics

https://doi.org/10.1038/s41586-023-06583-7

Received: 18 March 2022

Accepted: 30 August 2023

Published online: 11 October 2023

Open access

Check for updates

Georgios A. Pavlopoulos[1,2,3], Fotis A. Baltoumas[1], Sirui Liu[4], Oguz Selvitopi[5], Antonio Pedro Camargo[2], Stephen Nayfach[2], Ariful Azad[6], Simon Roux[2], Lee Call[2], Natalia N. Ivanova[2], I. Min Chen[2], David Paez-Espino[2], Evangelos Karatzas[1], Novel Metagenome Protein Families Consortium*, Ioannis Iliopoulos[7], Konstantinos Konstantinidis[8], James M. Tiedje[9], Jennifer Pett-Ridge[10], David Baker[11,12,13], Axel Visel[2], Christos A. Ouzounis[2,14,15], Sergey Ovchinnikov[4], Aydin Buluç[5,16] & Nikos C. Kyrpides[2]



Fig. 1 Sequence clustering overview: Clustering proteins from the reference genome (blue) and ED (red) datasets.

图 8.1 图片自明性示例

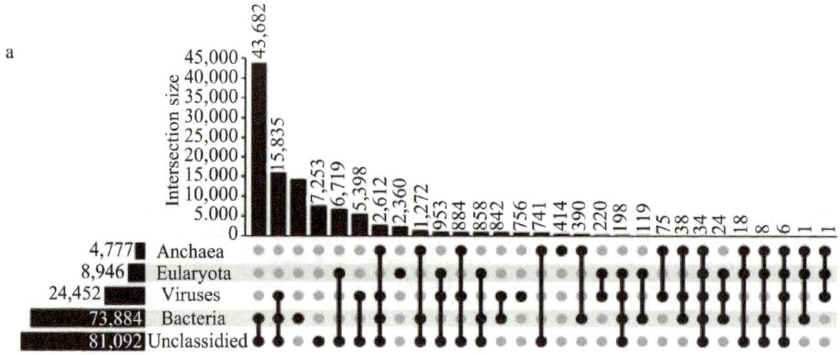


**Fig. 2　UpSet plot showing the domain—level taxonomic distribution of novel protein. clusters.**

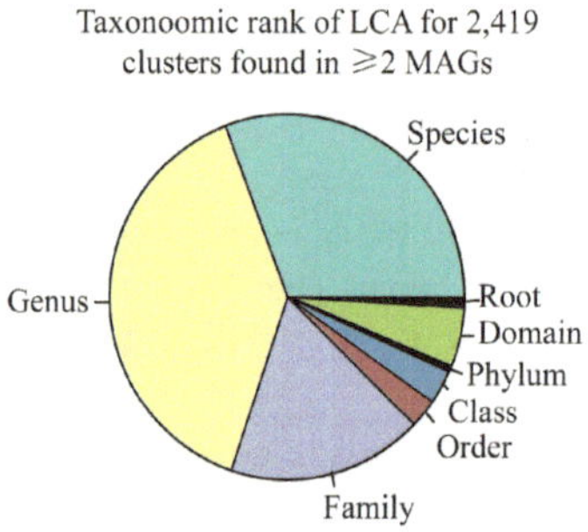


**Fig. 3　The taxonomic rank of the lowest common ancestor (LCA) for 2, 419 clusters found in at least 2 MAGs.**

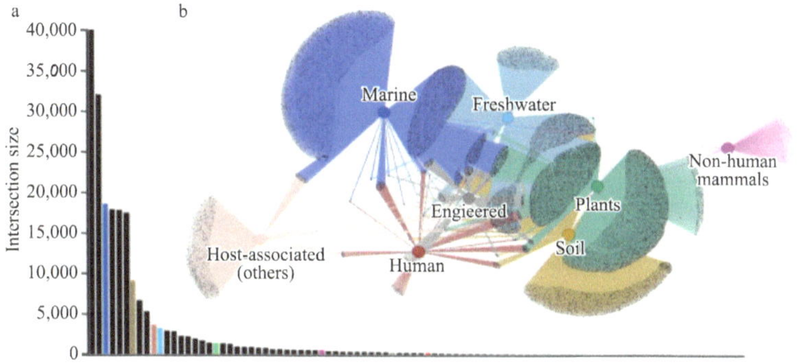


**Fig. 4 a UpSet plot representation of protein clusters overlapping across the eight ecosystem types; b, Network representation of the protein clusters and their ecosystems.**

图 8.2 图形类型示例

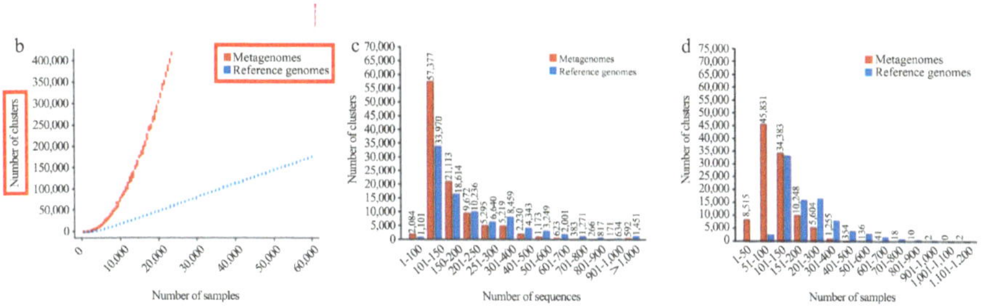


**Fig. 5 b Rarefaction curves of protein clusters for reference genome (blue) and ED (red) datasets. c, d, Bar chart visualization and comparison of cluster components per cluster for the number of sequences (c) and the number of genome or ED samples (d).**

图 8.3 突出关键信息的图片示例

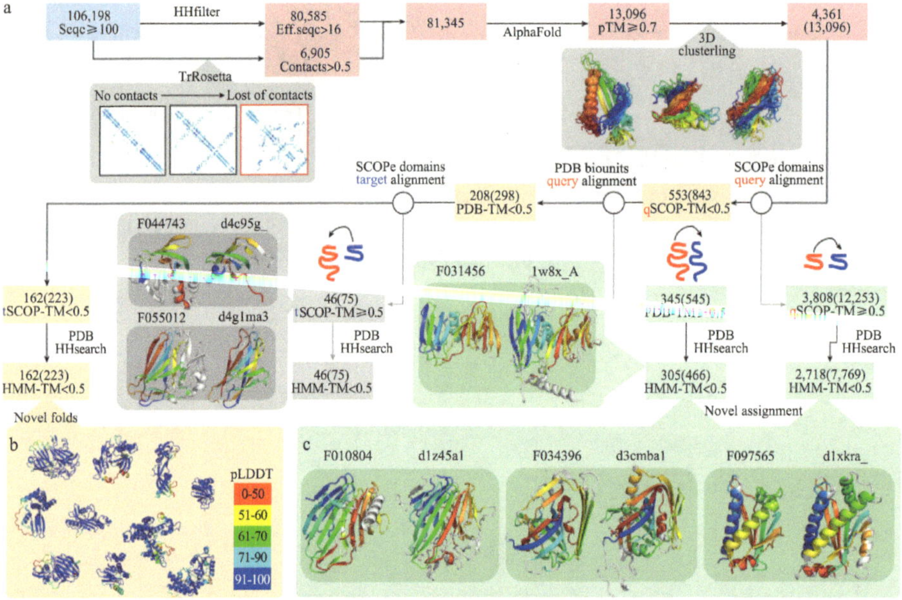


**Fig. 6 Structural characterization of the NMPFs.**

图 8.4 图片布局示例